21世纪高等教育计算机规划教材

# 数据库应用基础（Access 2010）实验实训指导

## Access 2010 Experiments

刘东晓　主编

杨朝晖 徐晨光　副主编

吴润秀　主审

U0315372

人民邮电出版社

北京

**图书在版编目（CIP）数据**

数据库应用基础（Access 2010）实验实训指导 / 刘东晓主编. -- 北京：人民邮电出版社，2014.9（2022.7重印）
21世纪高等教育计算机规划教材
ISBN 978-7-115-36552-1

Ⅰ. ①数… Ⅱ. ①刘… Ⅲ. ①关系数据库系统－高等学校－教学参考资料 Ⅳ. ①TP311.138

中国版本图书馆CIP数据核字(2014)第178593号

## 内 容 提 要

　　本书是与《数据库应用基础（Access 2010）》配套的实验指导教材。全书由 11 个实验组成，包括创建数据库、创建数据表、表间关联及表数据的操作、查询设计、SQL 语句、设计窗体、设计报表、宏的应用、模块与 VBA 程序设计，最后通过开发一个完整的教学管理系统，使读者全面地掌握开发数据库应用系统的方法和过程。

　　本书可作为高等学院非计算机专业本、专科数据基础与应用课程的实践教材，也可作为初学者学习 Access 2010 关系数据库系统的参考书，以及全国计算机等级考试二级 Access 考试的复习参考书。

◆ 主　　编　刘东晓
　　副 主 编　杨朝晖　徐晨光
　　主　　审　吴润秀
　　责任编辑　刘　博
　　责任印制　彭志环　焦志炜

◆ 人民邮电出版社出版发行　　北京市丰台区成寿寺路 11 号
　　邮编　100164　电子邮件　315@ptpress.com.cn
　　网址　http://www.ptpress.com.cn
　　北京七彩京通数码快印有限公司印刷

◆ 开本：787×1092　1/16
　　印张：6　　　　　　　　　　2014 年 9 月第 1 版
　　字数：156 千字　　　　　　　2022 年 7 月北京第 7 次印刷

定价：20.00 元

读者服务热线：(010)81055256　印装质量热线：(010)81055316
反盗版热线：(010)81055315
广告经营许可证：京东市监广登字 20170147 号

# 前 言

Microsoft Access 是 Microsoft 公司 Office 办公自动化软件的组成部分，是应用广泛的关系型数据库管理系统之一，既可以用于小型数据库系统开发，又可以作为大中型数据库应用系统的辅助数据库或组成部分。在全国计算机等级考试、全国计算机应用证书考试等多种计算机知识考试中都有 Access 数据库应用技术。

"数据库基础与应用"是高校非计算机专业中信息类课程的一个重要组成部分。数据库应用知识已成为人们知识结构中不可缺少的重要组成部分。知识的学习在于应用，"数据库基础与应用"是一门实践性非常强的课程，因此上机实验就显得尤为重要。为了培养创新型、应用型人才，为满足高校学生在数据库基础及应用类课程的学习和上机实验方面的要求，我们编写了本书。

本书是与《数据库应用基础（Access 2010）》配套的实验指导教材。全书由11 个实验组成，每个实验详细地介绍了实验目的、实验内容及实验步骤，并将主教材中的内容细化分解贯穿到每个实验环节中，有助于读者掌握 Access 的基本操作、各种 Access 对象的设计和创建方法，提高读者的编程能力、编程技巧以及使用 Access 开发小型数据库应用系统的能力，最后通过开发一个完整的教学管理系统，使读者全面地了解和掌握开发数据库应用系统的方法和过程。

本书由具有多年数据库实践教学经验的教师编写，由刘东晓、杨朝晖和徐晨光负责编写。杨朝晖编写实验 5、实验 6、实验 7 和实验 8，徐晨光编写实验9 和实验 10，刘东晓编写实验 1、实验 2、实验 3、实验 4 和实验 11；刘东晓负责本书的统稿，吴润秀和涂振宇对本书进行了审核。

本书在编写过程中，得到了南昌工程学院信息工程学院领导的大力支持，还参考和引用了参考文献中作者的研究成果，在此一并表示衷心的感谢。

本书是在作者多年教学经验积累的基础上编写的，但由于作者水平有限，书中难免有欠妥和疏漏之处，恳请各位专家和读者批评指正。

# 目 录

# 实验 1
## 创建数据库

## 一、实验目的

1. 掌握创建数据库的方法。
2. 掌握打开和关闭数据库的方法。
3. 掌握数据库的其他操作。

## 二、实验内容

### 实验 1−1  创建空数据库

1. 实验要求：建立"教学管理.accdb"数据库，并将建好的数据库文件保存在"D:\mydb"文件夹中。

2. 实验步骤。

（1）在 D 盘创建名为"mydb"的文件夹。

（2）在 Access 2010 启动窗口中，在中间窗格的上方，单击"空数据库"按钮，在右侧"文件名"文本框中，系统会给出一个默认的文件名"Database1.accdb"。把它修改为"教学管理.accdb"如图 1-1 所示。

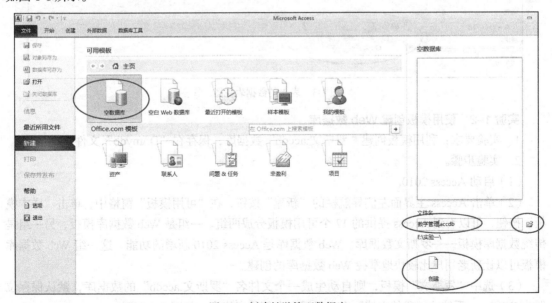

图 1-1  创建教学管理数据库

1

（3）单击📂按钮，在打开的"新建数据库"对话框中，选择数据库的保存位置，在"D:\mydb"文件夹中，单击"确定"按钮，如图1-2所示。

图1-2　"文件新建数据库"对话框

（4）这时返回到Access启动界面，显示将要创建的数据库的名称和保存位置，如果用户未提供文件扩展名，Access将自动添加上。

（5）在右侧窗格下面，单击"创建"按钮，自动创建了一个名称为"表1"的数据表，并以数据表视图方式打开。

（6）这时光标将位于"添加新字段"列中的第一个空单元格中，现在就可以输入添加数据，或者从另一数据源粘贴数据，如图1-3所示。

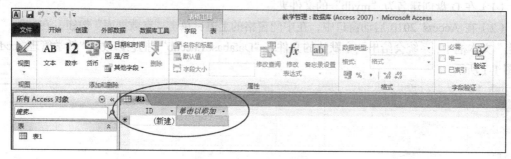

图1-3　表1的数据表视图

### 实验 1–2　使用模板创建 Web 数据库

1. 实验要求：利用模板创建"罗斯文.accdb"数据库，保存在"D:\mydb"文件夹中。

2. 实验步骤。

（1）启动 Access 2010。

（2）单击 Access 主界面左侧导航栏的"新建"按钮，在"可用模板"窗格中，单击"样本模板"按钮，可以看到 Access 提供的 12 个可用模板分成两组。一组是 Web 数据库模板，另一组是传统数据库模板——罗斯文数据库。Web 数据库是 Access 2010 新增的功能。这一组 Web 数据库模板可以让新老用户比较快地掌握 Web 数据库的创建。

（3）选中"罗斯文"模板，则自动生成一个文件名"罗斯文.accdb"的数据库，默认保存位置为 Windows 系统的"我的文档"中，显示在右侧的窗格中，如图 1-4 所示。

图 1-4　"可用模板"窗格和数据库保存位置

　　当然用户可以自己指定文件名和文件保存的位置，如果要更改文件名，直接在文件名文本框中输入新的文件名，如要更改数据库的保存位置，单击"浏览" 📂按钮，在打开的"新建数据库"对话框中，选择数据库的保存位置。

　　（4）单击"创建"按钮，创建数据库。

　　（5）数据库创建完成后，自动打开"罗斯文"数据库，首先会显示一个欢迎界面，选择"启用内容"之后会打开一个登录界面，选择登录用户名之后，单击"登录"按钮之后，进入"罗斯文"数据库的操作主界面，如图 1-5 所示。

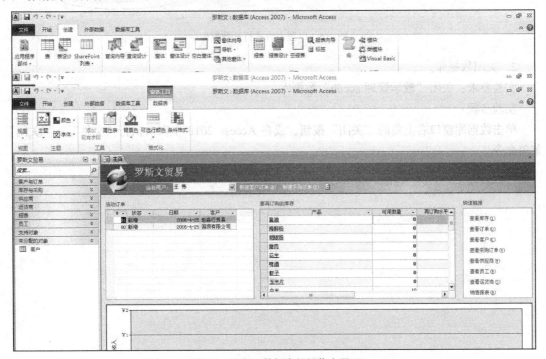

图 1-5　罗斯文数据库的操作主界面

### 实验 1-3　数据库的打开和关闭

1．打开数据库。

实验要求：以独占方式打开"教学管理.accdb"数据库。

实验步骤。

（1）选择"文件"→"打开"，弹出"打开"对话框。

（2）在"打开"对话框的"查找范围"中选择"D:\mydb"文件夹，在文件列表中选择"教学管理.accdb"，然后单击"打开"按钮右边的箭头，选择"以独占方式打开"，如图 1-6 所示。

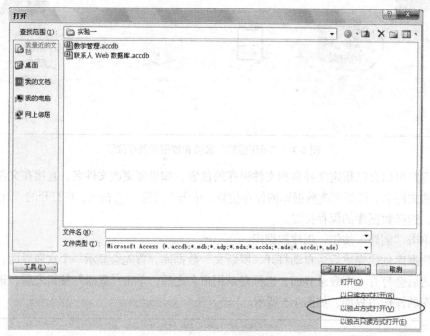

图 1-6　以独占方式打开数据库

2．关闭数据库。

实验要求：关闭"教学管理.accdb"数据库。

实验步骤：

单击数据库窗口右上角的"关闭"按钮，或在 Access 2010 主窗口执行"文件"→"关闭"菜单命令。

# 实验 2
# 创建数据表（一）

## 一、实验目的

1. 掌握用"设计视图"、"数据表视图"和"导入"建立数据表的方法。
2. 熟悉修改表结构的方法。
3. 掌握数据表的其他操作。

## 二、实验内容

### 实验 2-1　建立表结构

1. 使用"设计视图"创建表。

实验要求：在"教学管理.accdb"数据库中利用设计视图创建"教师"表各个字段，教师表结构如表 2-1 所示。

实验步骤。

（1）打开"教学管理.accdb"数据库，在功能区上的"创建"选项卡的"表格"组中，单击"表设计"按钮，如图 2-1 所示。

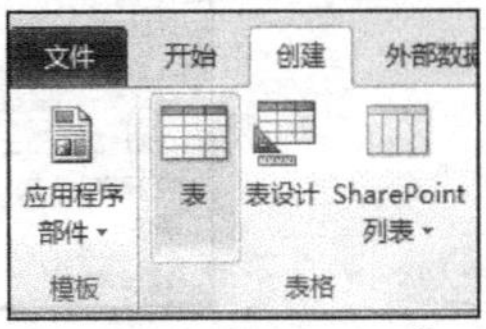

（2）单击"视图"→"设计视图"，如图 2-2 所示。弹出"另存为"对话框，在表名称文本框中输入"教师"，单击"确定"按钮。

图 2-1　创建表

（3）打开表的设计视图，按照表 2-1 教师表结构的内容，在字段名称列输入字段名称，在数据类型列中选择相应的数据类型，在常规属性窗格中设置字段大小。如图 2-3 所示。

表 2-1　教师表结构

| 字段名 | 类型 | 字段大小 | 格式 |
|---|---|---|---|
| 编号 | 文本 | 5 | |
| 姓名 | 文本 | 4 | |
| 性别 | 文本 | 1 | |
| 年龄 | 数字 | 整型 | |
| 工作时间 | 日期/时间 | | 短日期 |
| 政治面貌 | 文本 | 2 | |
| 学历 | 文本 | 4 | |
| 职称 | 文本 | 3 | |
| 系别 | 文本 | 2 | |
| 联系电话 | 文本 | 12 | |
| 在职否 | 是/否 | | 是/否 |

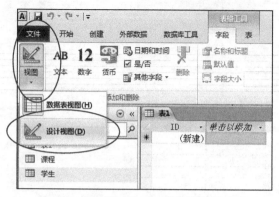

图 2-2　"设计视图"和"数据表视图"切换　　　图 2-3　"设计视图"窗口

（4）单击"保存"按钮，以"教师"为表名称保存。

2. 使用"数据表视图"创建表。

实验要求：在"教学管理.accdb"数据库中创建"学生"表，使用"设计视图"创建"学生"表的结构，其结构如表 2-2 所示。

实验步骤。

（1）打开"教学管理.accdb"数据库。

（2）在功能区 "创建"选项卡的"表格"组中，单击"表"按钮，如图 2-4 所示。 这时将创建名为"表 1"的新表，并在"数据表视图"中打开它。

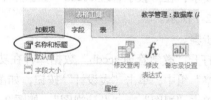

图 2-4　"表格"组　　　　　　　图 2-5　字段属性组

（3）选中 ID 字段，在"表格工具/字段"选项卡中的"属性"组中，单击"名称和标题"按钮，如图 2-5 所示。

（4）打开了"输入字段属性"对话框，在"名称"文本框中，输入"学生编号"，如图 2-6所示。

（5）选中"学生编号"字段列，在"表格工具/字段"选项卡的"格式"组中，把"数据类型"设置为"文本"，如图 2-7 所示。

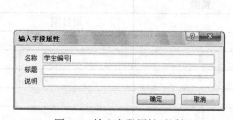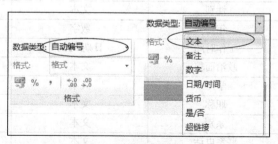

图 2-6　输入字段属性对话框　　　　图 2-7　数据类型设置

注意　　　ID 字段默认数据类型为"自动编号"，添加新字段的数据类型为"文本"，如果用户所添加的字段是其他的数据类型，可以在"表格工具/字段"选项卡的"添加和删除"组中，单击相应的数据类型的按钮，如图 2-8 所示。

如果需要修改数据类型，以及对字段的属性进行其他设置，最好的方法是在表设计视图中进行，在 Access 工作窗口的右下角，单击"设计视图" ↙ 按钮，打开表的设计视图，如图 2-9 所示，设置完成后要再次保存表。

（6）在"添加新字段"下面的单元格中，输入"张佳"，这时 Access 自动为新字段命名为"字段 1"，重复步骤（4）的操作，把"字段 1"的名称修改为"姓名"，如图 2-9 所示。

图 2-8　数据类型设置功能栏

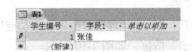

图 2-9　添加新字段修改字段名称后的结果

（7）用同样的方法，按表 2-2 学生表结构的属性所示，依次定义表的其他字段，再利用设计视图修改。

（8）最后在"快速访问工具栏" 中，单击"保存" 按钮。输入表名"学生"，单击"确定"按钮。

表 2-2　　　　　　　　　　　　　　　　学生表结构

| 字段名 | 类型 | 字段大小 | 格式 |
| --- | --- | --- | --- |
| 学生编号 | 文本 | 10 | |
| 姓名 | 文本 | 4 | |
| 性别 | 文本 | 2 | |
| 年龄 | 数字 | 整型 | |
| 入校日期 | 日期/时间 | | 中日期 |
| 团员否 | 是/否 | | 是/否 |
| 住址 | 备注 | | |
| 照片 | OLE 对象 | | |

3．通过导入来创建表。

数据共享是加快信息流通，提高工作效率的要求。Access 提供的导入导出功能就是用来实现数据共享的工具。

在 Access 中，可以通过导入存储在其他位置的信息来创建表。例如，可以导入 Excel 工作表、ODBC 数据库、其他 Access 数据库、文本文件、XML 文件及其他类型文件。

实验要求：将"课程.xls"、"选课成绩.xls"导入到"教学管理.accdb"数据库中。"选课成绩"

表结构按表 2-3 所示修改。

表 2-3                                           选课成绩表结构

| 字段名 | 类型 | 字段大小 | 格式 |
|--------|------|---------|------|
| 选课 ID | 自动编号 | | |
| 学生编号 | 文本 | 10 | |
| 课程编号 | 文本 | 5 | |
| 成绩 | 数字 | 整型 | |

实验步骤。

（1）打开"教学管理"数据库，在功能区选中"外部数据"选项卡，在"导入并链接"组中，单击"Excel"按钮，如图 2-10 所示。

图 2-10　外部数据选项卡

（2）在打开"获取外部数据库"对话框中，单击"浏览"按钮，在"打开"对话框中，在"查找范围"定位于外部文件所在文件夹，选中导入数据源文件"课程.xls"，单击"打开"按钮，如图 2-11 所示，返回到"获取外部数据"对话框中，单击"确定"按钮，如图 2-12 所示。

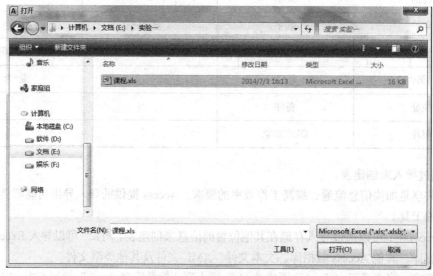

图 2-11　　"外部数据库打开"窗口

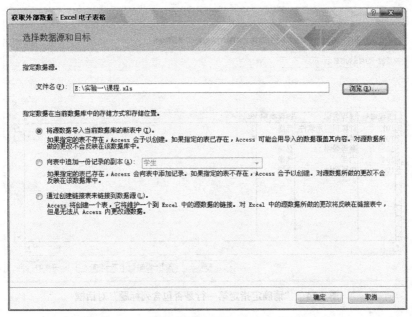

图 2-12　"获取外部数据"窗口-选择数据源和目标

（3）在打开的"导入数据表向导"对话框中，直接单击"下一步"按钮，如图 2-13 所示。

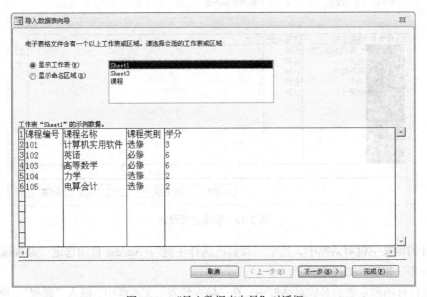

图 2-13　"导入数据表向导"对话框

（4）在打开的"请确定指定第一行是否包含列标题"对话框中，选中"第一行包含列标题"复选框，然后单击"下一步"按钮，如图 2-14 所示。

（5）在打开的指定导入每一字段信息对话框中，指定"课程编号"的数据类型为"文本"，索引为"有（无重复）"，如图 2-15 所示，然后依次选择其他字段，设置"学分"的数据类型为"整形"，其他默认。单击"下一步"按钮。

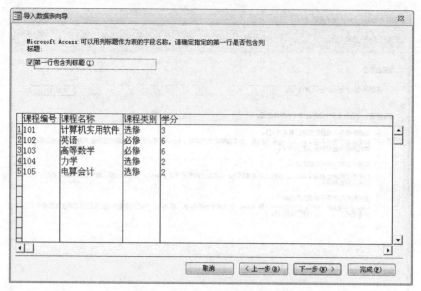

图 2-14　"请确定指定第一行是否包含列标题"对话框

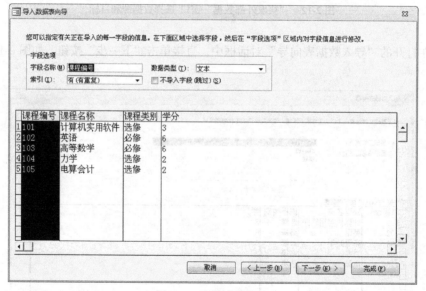

图 2-15　字段选项设置

在打开的定义主键对话框中，选中"我自己选择主键"，Access 自动选定"课程编号"，然后单击"下一步"按钮，如图 2-16 所示。

（6）在打开的制定表的名称对话框中，在"导入到表"文本框中，输入"课程"，单击"完成"按钮。到此完成使用导入方法创建表。

（7）用同样的方法，将"选课成绩"导入到"教学管理.accdb"数据库中。

**实验 2-2　修改表结构**

1．实验要求。

（1）在"教师"表中增加"工龄"字段。

（2）在"学生"表中将"学生编号"改为"文本"型，长度为 7。

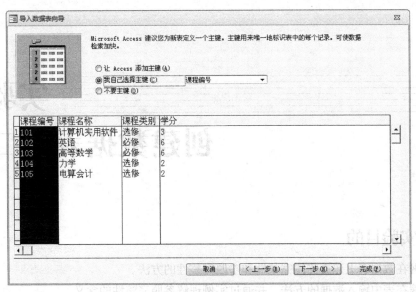

图 2-16 主键设置

2. 实验步骤。

（1）在图 2-17 所示的窗口中，在左侧的"对象"栏中单击"表"对象，选中"教师"数据表，双击打开此数据表。

（2）单击"视图"菜单中的"设计视图"命令，打开如图 2-3 所示的"设计视图"窗口，进行字段的修改操作。

（3）单击工具栏上的"保存"按钮，保存所做的修改。

（4）同样的方法可以完成"学生"数据表的修改操作。

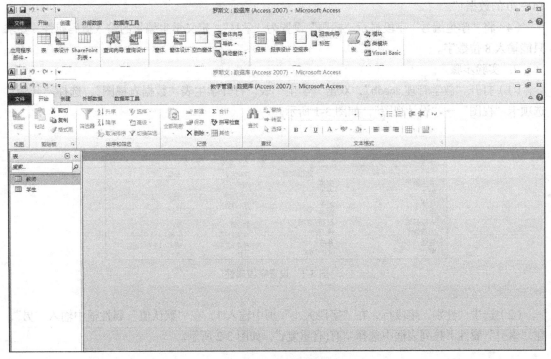

图 2-17 选择数据表

# 实验 3
# 创建数据表（二）

## 一、实验目的

1. 掌握在数据表上建立实体完整性和参照完整性的方法。
2. 掌握在表中输入数据的方法，并通过实例理解参照完整性的含义。

## 二、实验内容

**实验 3–1　设置字段属性要求**

1. 实验要求。

（1）将"学生"表中"性别"字段的"字段大小"设置为 1，默认值设置为"男"，索引设置为"有(有重复)"。

（2）将"入校日期"字段的"格式"设置为"短日期"，默认值设为当前系统日期。

（3）设置"年龄"字段，默认值设置为 23，取值范围为 14～70，如超出范围则提示"请输入 14～70 的数据！"。

（4）将"学生编号"字段显示"标题"设置为"学号"，定义学生编号的输入掩码属性，要求只能输入 8 位数字。

2. 实验步骤。

（1）打开"教学管理.accdb"，双击"学生"表，打开学生表"数据表视图"，选择"开始"选项卡"视图"→"设计视图"，如图 3-1 所示。

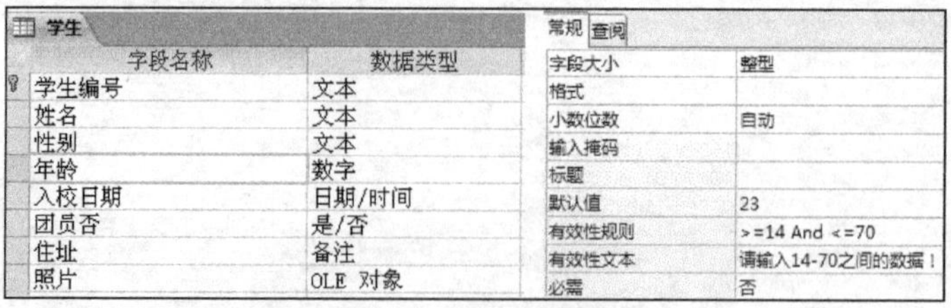

图 3-1　设置字段属性

（2）选中"性别"字段行，在"字段大小"框中输入 1，在"默认值"属性框中输入"男"，在"索引"属性下拉列表框中选择"有(有重复)"，如图 3-2 所示。

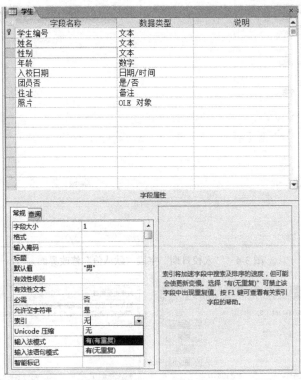

图 3-2 "性别"字段修改界面

（3）选中"入校日期"字段行，在"格式"属性下拉列表框中，选择"短日期"格式，如图 3-3 所示，单击"默认值"属性框，如图 3-4 所示，弹出如图 3-5 所示窗口，再单击 "表达式元素"窗口中的"函数"——"内置函数"按图 3-6 所示选择。单击"确定"按钮，默认值框显示如图 3-7 所示。

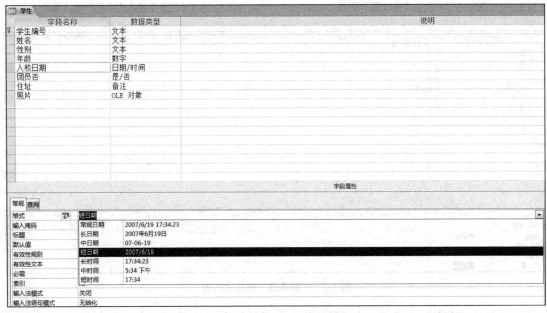

图 3-3 "入校日期"字段"格式"修改界面

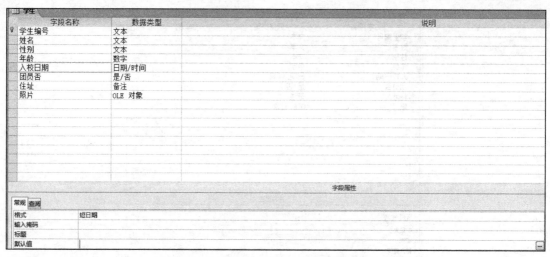

图 3-4  "入校日期"字段"默认值"修改界面

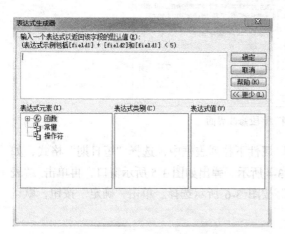

图 3-5  "表达式生成器"窗口

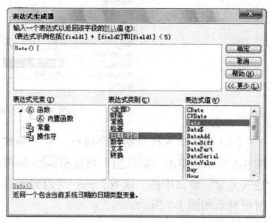

图 3-6  通过表达式生成器输入函数

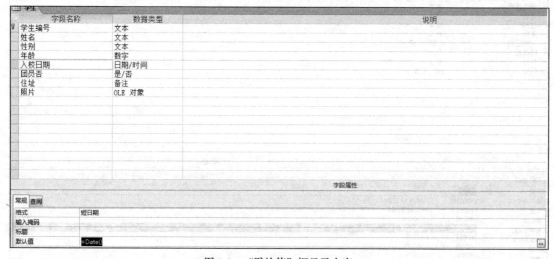

图 3-7  "默认值"框显示内容

（4）选中"年龄"字段行，在"默认值"属性框中输入"23"，在"有效性规则"属性框

中输入 ">=14 and <=70"，在"有效性文本"属性框中输入文字"请输入 14～70 之间的数据!"，单击"默认值"属性框，再单击 ... 弹出"表达式生成器"窗口。选择"操作符"，操作如图 3-8 所示。

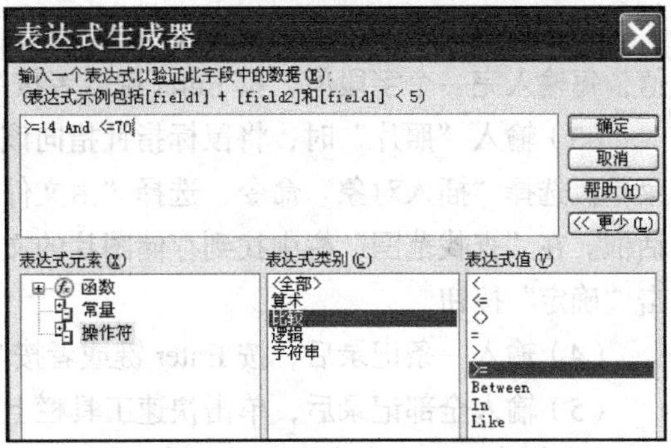

（5）选中"学生编号"字段名称，在"标题"属性框中输入"学号"，在"输入掩码"属性框中输入"0000000000"。

（6）单击快速工具栏上的"保存"按钮，保存"学生"表。

图 3-8 通过表达式生成器输入运算符

### 实验 3-2 设置主键

1. 创建单字段主键。

实验要求：将 "教师"表"教师编号"字段设置为主键。

实验步骤。

（1）使用"设计视图"打开"教师"表，选择"教师编号"字段名称。

（2）"表格工具/设计"→"工具"组，单击"主键"按钮 。

2. 创建多字段主键。

实验要求：将"教师"表中的"教师编号"、"姓名"、"性别"和"工作时间"设置为主键。

实验步骤。

（1）打开"教师"表的"设计视图"，选中"教师编号"字段行，按住 Ctrl 键，再分别选中"姓名"、"性别"和"工作时间"字段行。

（2）单击工具栏中的"主键"按钮 。

### 实验 3-3 向表中输入数据

1. 使用"数据表视图"。

实验要求：将表 3-1 中的数据输入到"学生"表中。

表 3-1　　　　　　　　　　　　　　学生表内容

| 学生编号 | 姓名 | 性别 | 年龄 | 入校日期 | 团员否 | 住址 | 照片 |
|---|---|---|---|---|---|---|---|
| 2008041101 | 张佳 | 女 | 21 | 2008-9-3 | 否 | 江西南昌 |  |
| 2008041102 | 陈诚 | 男 | 21 | 2008-9-2 | 是 | 北京海淀区 |  |
| 2008041103 | 王佳 | 女 | 19 | 2008-9-3 | 是 | 江西九江 |  |
| 2008041104 | 叶飞 | 男 | 18 | 2008-9-2 | 是 | 上海 |  |
| 2008041105 | 任伟 | 男 | 22 | 2008-9-2 | 是 | 北京顺义 |  |
| 2008041106 | 江贺 | 男 | 20 | 2008-9-3 | 否 | 福建漳州 |  |
| 2008041107 | 严肃 | 男 | 19 | 2008-9-1 | 是 | 福建厦门 |  |
| 2008041108 | 吴东 | 男 | 19 | 2008-9-1 | 是 | 福建福州 | 位图图像 |
| 2008041109 | 好生 | 女 | 18 | 2008-9-1 | 否 | 广东顺德 | 位图图像 |

实验步骤。

（1）打开"教学管理.accdb"，在"导航窗格"中双击"学生"表，打开"学生"表"数据表视图"。

（2）从第1个空记录的第1个字段开始分别输入"学生编号"、"姓名"和"性别"等字段的值，每输入完一个字段值，按Enter键或者按Tab键转至下一个字段。

（3）输入"照片"时，将鼠标指针指向该记录的"照片"字段列，单击鼠标右键，打开快捷菜单。选择"插入对象"命令，选择"由文件创建"选项，单击"浏览"按钮，打开"浏览"对话框。在"查找范围"栏中找到存储图片的文件夹，并在列表中找到并选中所需的图片文件，单击"确定"按钮。

（4）输入一条记录后，按Enter键或者按Tab键转至下一条记录，继续输入下一条记录。

（5）输入全部记录后，单击快速工具栏上的"保存"按钮，保存表中的数据。

2. 创建查阅列表字段（使用自行键入所需的值）。

实验要求：为"教师"表中"职称"字段创建查阅列表，列表中显示"助教"、"讲师"、"副教授"和"教授"4个值。

实验步骤。

（1）打开"教师"表"设计视图"，选择"职称"字段。

（2）在"数据类型"列中选择"查阅向导"，打开"查阅向导"的第1个对话框。

（3）在该对话框中，选中"自行键入所需的值"选项，然后单击"下一步"按钮，打开"查阅向导"的第2个对话框。

（4）在"第1列"的每行中依次输入"助教"、"讲师"、"副教授"和"教授"4个值，列表设置结果如图3-9所示。

（5）单击"下一步"按钮，弹出"查阅向导"的最后一个对话框。在该对话框的"请为查阅列表指定标签"文本框中输入名称，本例使用默认值。单击"完成"按钮。

3. 创建查阅列表字段（使用查阅列表查阅表或查询中的值）。

实验要求：为"选课成绩"表中"课程编号"字段创建查阅列表，即该字段组合框的下拉列表中仅出现"课程表"中已有的课程信息。

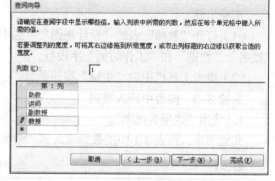

图 3-9　查阅向导

实验步骤。

（1）用表设计视图打开"选课成绩表"，选择"课程编号"字段，在"数据类型"列的下拉列表中选择"查阅字段向导"，打开"查阅向导"对话框，选中"使用查阅字段获取其他表或查询中的值"单选按钮，如图3-10所示。

（2）单击"下一步"按钮，在"请选择为查阅字段提供数值的表或查询"对话框中，选择"表：课程"，视图框架中选"表"单选项，如图3-11所示。

（3）单击"下一步"按钮，双击可用字段列表中的"课程编号"、"课程名称"，将其添加到选定字段列表框中，如图3-12所示。

（4）单击"下一步"按钮，在"排序次序"对话框中，确定列表使用的排序次序，如图3-13所示。

（5）单击"下一步"按钮，在"请指定查阅列中的宽度"对话框中，取消"隐藏键列"，如图3-14所示。

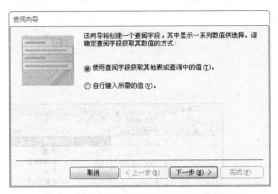

图 3-10 "查阅向导-请确定查阅字段获取其
数值的方式"对话框

图 3-11 查阅向导-"请选择为查阅字段提供
数值的表或查询"对话框

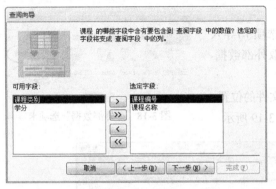

图 3-12 "查阅向导-可用字段选定字段"对话框

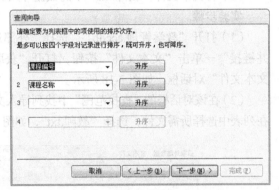

图 3-13 "查阅向导-排序次序"对话框

（6）单击"下一步"按钮，在可用字段下拉选项中选择"课程编号"作为唯一标识行的字段，如图 3-15 所示。

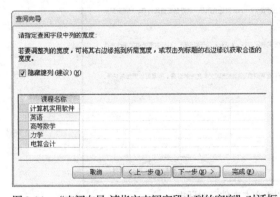

图 3-14 "查阅向导-请指定查阅字段中列的宽度"对话框

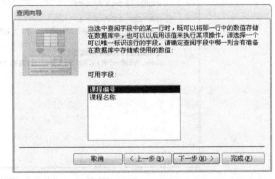

图 3-15 "查阅向导-可用字段"对话框

（7）单击"下一步"按钮，为查阅字段指定标签。单击"完成"按钮，如图 3-16 所示。

（8）切换到"数据表视图"，结果如图 3-17 所示。

4. 获取外部数据。

实验要求：

（1）将 Excel 文件"选课成绩.xls"中的数据导入到"教学管理.accdb"数据库中的"选课成绩"表中。

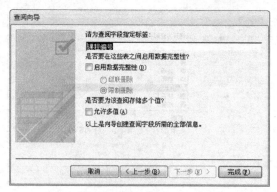

图 3-16 "为查阅字段指定标签"对话框

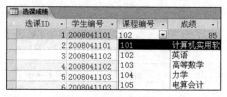

图 3-17 数据表视图

（2）将文本文件"教师.txt"中的数据导入到"教师"表中。

实验步骤。

（1）打开"教学管理.accdb"，选择"外部选项卡/导入并链接"→单击"文本文件"按钮，打开"获取外部数据-文本文件"对话框，如图 3-18 所示。

（2）在该对话框的"查找范围"中找到导入文件的位置，在列表中选择所需文件，选择"教师.txt"，如图 3-19 所示。

图 3-18 "外部数据"选项卡

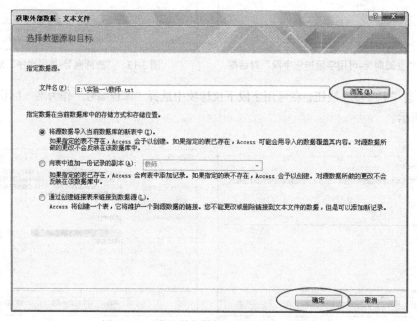

图 3-19 "获取外部数据-文本文件"对话框

（3）单击"确定"按钮，打开"导入文本向导"的第 1 个对话框，如图 3-20 所示。

（4）单击"高级（V）…"按钮，打开"教师导入规格"窗口对话框。单击"语言（G）"标签对应的下拉列表选择"简体中文（GB2312）"，单击"确定"按钮，如图 3-21 所示。此时对话框列出了所要导入表的内容，单击"下一步"按钮，打开"导入文本向导"的第 2 个对话框。

（5）在该对话框中选中"第一行包含列标题"复选框，单击"下一步"按钮，打开"导入文本向导"的第 3 个对话框。

图 3-20　导入文本向导第一步

图 3-21　选择代码页显示的字体

（6）单击"下一步"按钮，打开"导入文本向导"的第 4 个对话框。选择"我自己选择主键"单选按钮。

（7）单击"下一步"按钮，在"导入到表（I）"标签下的文本框中显示"教师"，单击"完成"按钮。完成向"教师"表中导入数据。

# 实验 4
# 表间关联及表数据的操作

## 一、实验目的

1. 掌握参照完整性的含义，并学会设置表间的参照完整性。
2. 掌握维护表的方法。
3. 掌握对表数据进行查找、排序、筛选的方法。

## 二、实验内容

**实验 4-1　建立表之间的关联**

1. 实验要求：创建"教学管理.accdb"数据库中表之间的关联，并实施参照完整性。

2. 实验步骤。

（1）打开"教学管理.accdb"数据库→"数据库工具/关系"组，单击功能栏上的"关系" ![] 按钮，打开"关系"窗口，同时打开"显示表"对话框。

（2）在"显示表"对话框中，分别双击"学生"表、"课程"表、"选课成绩"表，将其添加到"关系"窗口中。注意：三个表的主键分别是"学生编号"、"选课 ID"、"课程编号"。

（3）关闭"显示表"窗口。

（4）选定"课程"表中的"课程编号"字段，然后按下鼠标左键并拖曳到"选课成绩"表中的"课程编号"字段上，松开鼠标。此时屏幕显示如图 4-1 所示的"编辑关系"对话框。

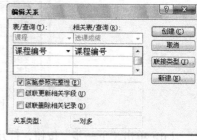

图 4-1　"编辑关系"对话框

（5）选中"实施参照完整性"复选框，单击"创建"按钮。

（6）用同样的方法将"学生"表中的"学生编号"字段拖曳"选课成绩"表中的"学生编号"字段上，并选中"实施参照完整性"，结果如图 4-2 所示。

图 4-2　表间关系

（7）单击"保存"按钮，保存表之间的关系，单击"关闭"按钮，关闭"关系"窗口。

实验4-2 表的维护

1. 实验要求。

（1）将"教师"表备份，备份表名称为"教师1"。

（2）将"教师1"表中的"姓名"字段和"教师编号"字段显示位置互换。

（3）将"教师1"表中性别字段列隐藏起来。

（4）在"教师1"表中冻结"姓名"列。

（5）在"教师1"表中设置"姓名"列的显示宽度为20。

（6）设置"教师1"数据表格式，字体为楷体、五号、斜体、蓝色。

2. 实验步骤。

（1）打开"教学管理.accdb"数据库，在导航窗格中，选"教师"表，选"文件"选项卡，单击"对象另存为"菜单命令，打开"另存为"对话框，将表"教师"另存为"教师1"，如图4-3所示。

（2）用"数据表视图"打开"教师1"表，选中"姓名"字段列，按下鼠标左键拖曳鼠标到"教师编号"字段前，释放鼠标左键。

（3）选中"性别"列，单击鼠标右键弹出菜单，选择"隐藏字段"菜单命令。

（4）选中"姓名"列，单击鼠标右键弹出菜单，选择"冻结字段"菜单命令。

（5）选中"姓名"列，单击鼠标右键弹出菜单，选择"字段宽度"菜单命令，将列宽设置为20，单击"确定"按钮。

（6）单击"格式"→"字体"菜单命令，打开"字体"对话框，如图4-4所示，按要求进行设置。

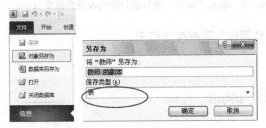

图4-3 对象另存为菜单及另存为对话框

图4-4 格式工具栏

实验4-3 查找、替换数据

1. 实验要求：将"学生"表中"住址"字段值中的"江西"全部改为"江西省"。

2. 实验步骤。

（1）用"数据表视图"打开"学生"表，将光标定位到"住址"字段任意一单元格中。

图4-5 "查找组"选项

（2）单击"开始"选项卡，然后打开"查找"组中的替换，如图4-5所示，打开"查找和替换"对话框。

（3）按图4-6所示设置各个选项，单击"全部替换"按钮。

实验4-4 排序记录

1. 实验要求。

（1）在"学生"表中，按"性别"和"年龄"两个字段升序排序。

（2）在"学生"表中，先按"性别"升序排序，再按"入校日期"降序排序。

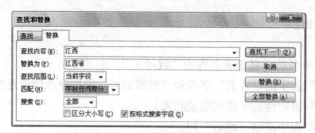

图 4-6 "查找和替换"对话框

2. 实验步骤。

（1）用"数据表视图"打开"学生"表，选择"性别"和"年龄"两列，单击"开始"选项卡→"排序和筛选"组，再单击功能栏中的"升序"按钮，如图 4-7 所示，完成按"性别"和"年龄"两个字段按升序排序。

（2）选择"开始/排序和筛选"选项卡，单击"高级"下拉列表→"高级筛选/排序"命令。

（3）打开"筛选"窗口，在设计网格中"字段"行第 1 列选择"性别"字段，排序方式选"升序"，第 2 列选择"入校日期"字段，排序方式选"降序"，如图 4-8 所示。

图 4-7 排序和筛选组

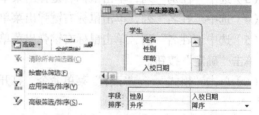

图 4-8 单击"高级"按钮展开的列表及高级窗口

（4）选择"开始/排序和筛选"选项卡→"切换筛选"观察排序结果。

### 实验 4-5 筛选记录

1. 按选定内容筛选记录。

实验要求：在"学生"表中筛选出来自"福建"的学生。

实验步骤。

（1）用"数据表视图"打开"学生"表，选定"住址"为"福建"的任一单元格中"福建"两个字。

（2）光标定位到所要筛选内容"福建"的某个单元格且选中，在"开始"选项卡的"排序和筛选"组中，单击  按钮，在"下拉菜单"中，单击"包含'福建'"命令，完成筛选。如图 4-9 所示。

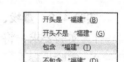

图 4-9 "排序和筛选"
组下拉菜单

2. 按窗体筛选。

实验要求：将"教师"表中的在职男教师筛选出来。

实验步骤。

（1）在"数据表视图"中打开"教师"表，在"开始"选项卡的"排序和筛选"组中，单击"高级"按钮，在打开的下拉列表中，单击"按窗体筛选"。

（2）这时数据表视图转变为一个记录，光标停留在第一列的单元中，按 Tab 键，将光标移到"性别"字段列中。

（3）在"性别"字段中，单击下拉箭头，在打开的列表中选择"男"；然后把光标移到"在职否"字段中，打开下拉列表，选择"1"，如图 4-10 所示。

（4）在"排序和筛选"组中，单击 切换筛选完成筛选。

图 4-10  按窗体筛选操作

3. 使用筛选器筛选。

实验要求：在"选课成绩"表中筛选 60 分以下的学生。

实验步骤。

（1）用"数据表视图"打开"选课成绩"表，将光标定位于"成绩"字段列任一单元格内，然后单击鼠标右键，打开快捷菜单，选择"数字筛选器"菜单命令→"小于…"。

（2）在"自定义筛选"对话框的文本框中输入"60"，如图 4-11 所示。按 Enter 键，得到筛选结果。

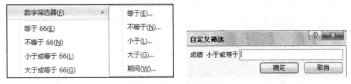

图 4-11  数字筛选器

（3）将光标定位于"成绩"字段列任一单元格内，然后单击鼠标右键，打开快捷菜单，选"数字筛选器"菜单命令→"不等于…"。

（4）在"自定义筛选"对话窗口文本框中输入"60"，按 Enter 键，得到筛选结果，如图 4-12 所示。

4. 使用高级筛选。

实验要求：在"教师表"中，筛选出九月参加工作的或者政治面貌为"党员"的教师。

实验步骤。

（1）打开教学管理数据库，并打开"教师"表。

（2）在"开始"选项卡的"排序和筛选"组中，单击"高级"按钮，在打开的下拉列表中，单击"高级筛选/排序"命令。

图 4-13  筛选视图

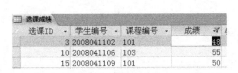

图 4-12  筛选结果

（3）这时打开一个设计窗口，其窗口分为两个窗格，上部窗格显示"教师"表，下部是设置筛选条件的窗格。现在已经把"出生日期"字段自动添加到下部窗格中。

（4）在第 1 列的条件单元格中输入"Month([工作时间]) =9"，在第 2 列或单元格中输入"党员"，如图 4-13 所示。

（5）单击"排序和筛选"组中的"切换筛选"按钮，显示筛选的结果。

（6）如果经常进行同样的高级筛选，可以把结果保存下来重新打开"高级"筛选列表，右键单击"教师表"窗格，在弹出菜单中单击"另存为查询"命令，如图 4-14 所示。在打开的命名对话框中，为高级筛选命名。在高级筛选中，还可以添加更多的字段列和设置更多的筛选条件。

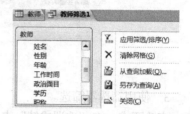

图 4-14　高级筛选"另存为查询"菜单

高级筛选实际上是创建了一个查询，通过查询可以实现各种复杂条件的筛选。筛选和查询操作是近义的，可以说筛选是一种临时的手动操作，而查询则是一种预先定制操作。在 Access 中查询操作具有更普遍意义。

# 实验 5
# 查询设计

## 一、实验目的

1. 熟悉查询向导中不同种类的查询。
2. 熟练掌握选择查询的基本方法，重点能完成简单单表和两表查询。
3. 掌握参数查询的基本方法和步骤。
4. 了解交叉表查询。
5. 了解并熟悉生成表查询、更新查询、追加查询以及删除查询。

## 二、实验内容

### 实验 5-1 使用查询向导对单表完成查询

1. 实验要求：查询"学生基本情况表"中所有男生的"学号"、"姓名"、"出生年月"以及"班级"信息。

2. 实验步骤。

（1）用户在打开 Access 2010 后，打开"学生成绩管理系统.mdb"数据库。

（2）单击菜单"创建"→"查询向导"→"简单查询向导"→"确定"按钮，如图 5-1 所示。

（3）在"表/查询"下拉框中选中"学生基本情况"表，可用字段选定"学号、姓名、出生年月以及班级"，如图 5-2 所示。单击"下一步"按钮，选中"修改查询设计"，指定查询标题，单击"完成"按钮，如图 5-3 所示。在条件位置加入条件"[性别]="男""，如图 5-4 所示。

图 5-1 查询向导

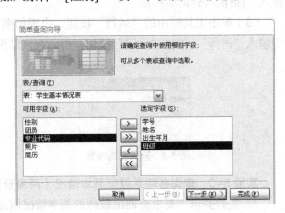

图 5-2 选定字段

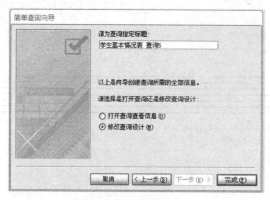

图 5-3　指定查询标题

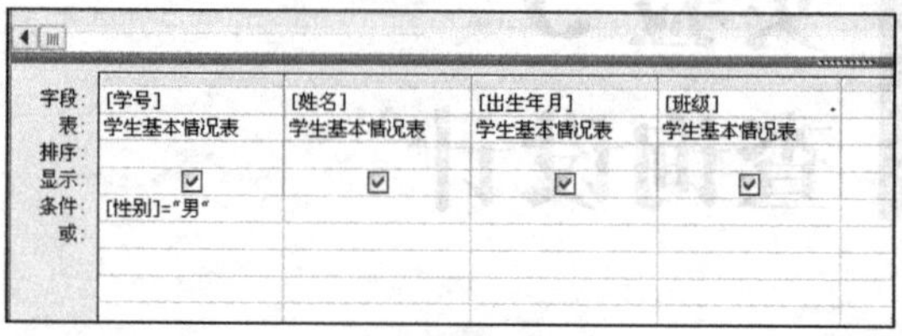

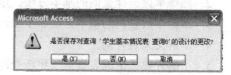

图 5-4　增加查询条件

（4）单击工具栏中的“运行”按钮，运行查询。显示结果如图 5-5 所示。

（5）关闭查询结果，出现如图 5-6 提示，单击“是”按钮，保存更改并退出，如图 5-6 所示。

学生基本情况表 查询5

| 学号 | 姓名 | 出生年月 | 班级 |
|---|---|---|---|
| 2000302012 | 李明明 | 83-09-18 | 信息035 |
| 2000302122 | 郝大庆 | 82-04-03 | 信息032 |
| 2001202301 | 景刚磊 | 81-10-15 | 经贸013 |
| 2002301102 | 王卫东 | 81-10-03 | 英语0110 |

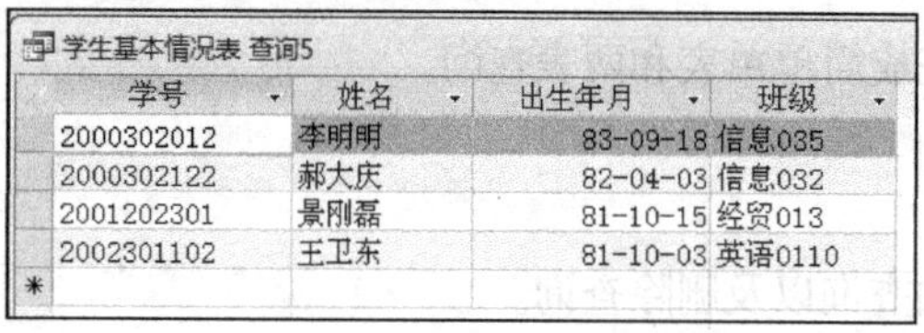

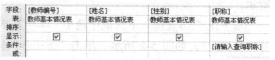

图 5-5　查询结果

图 5-6　“保存”对话框

### 实验 5–2　创建一个名为“按职称查询”的参数查询

1. 实验要求：要求允许根据用户的输入查询“教师基本情况表”中相应的教师信息。
2. 实验步骤。

（1）在已经打开了“学生成绩管理系统.mdb”数据库的前提下，单击菜单“创建”→“查询向导”→“简单查询向导”→ “确定”按钮，如图 5-1 所示。

（2）“表/查询”下拉框中选定“教师基本情况”表，可用字段选定除“院系代码”字段之外的所有字段，参照图 5-2 所示。单击“下一步”按钮，参照图 5-3 选中“修改查询设计”，并指定查询标题为“根据职称查询教师基本情况”，单击“完成”按钮，如图 5-7 所示，在条件行中的“职称”字段那一列对应的单元格中输入“[请输入查询职称]。

图 5-7　加入参数查询条件

（3）单击工具栏中的“运行”按钮，出现如图 5-8 所示的“输入参数值”对话框，在文本框中输入“讲师”，单击“确定”按钮，得到查询结果显示如图 5-9 所示。

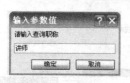

图 5-8　输入查询参数

根据职称查询教师基本情况

| 教师编 | 姓名 | 性别 | 职称 |
|---|---|---|---|
| 01110 | 刘军 | 男 | 讲师 |
| 01120 | 张丽红 | 女 | 讲师 |
| 02012 | 马明伟 | 男 | 讲师 |
| 03020 | 李海明 | 男 | 讲师 |

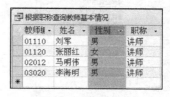

图 5-9　查询结果

### 实验 5–3　查询各院系教师基本情况（两表查询）

1. 实验要求：要求查询出教师的基本情况信息，包括教师所在院系的中文名称。
2. 实验步骤。

（1）在已经打开了“学生成绩管理系统.mdb”数据库的前提下，单击“创建”→“查询向导”→“简单查询向导”→“确定”按钮，参照图 5-1 所示。

（2）在“表/查询”下拉框中选定“教师基本情况”表，可用字段选定除“院系代码”字段之外的所有字段，参照图 5-2 所示。单击“下一步”按钮，选中“院系表”，选择“院系名称”，再参照图 5-3 所示选中“打开查询查看信息”，并指定查询标题为“各院系教师情况查询”，单击“完成”按钮，如图 5-10 所示。

各院系教师情况查询

| 教师编号 | 姓名 | 性别 | 职称 | 院系名称 |
|---|---|---|---|---|
| 01110 | 刘军 | 男 | 讲师 | 外语系 |
| 01111 | 赵军海 | 男 | 副教授 | 外语系 |
| 01120 | 张丽红 | 女 | 讲师 | 外语系 |
| 02012 | 马明伟 | 男 | 讲师 | 信息工程学院 |
| 02101 | 徐莉莉 | 女 | 教授 | 信息工程学院 |
| 03020 | 李海明 | 男 | 讲师 | 金融学院 |
| 03091 | 王明 | 男 | 副教授 | 金融学院 |
| 03104 | 郑丽梅 | 女 | 助教 | 金融学院 |

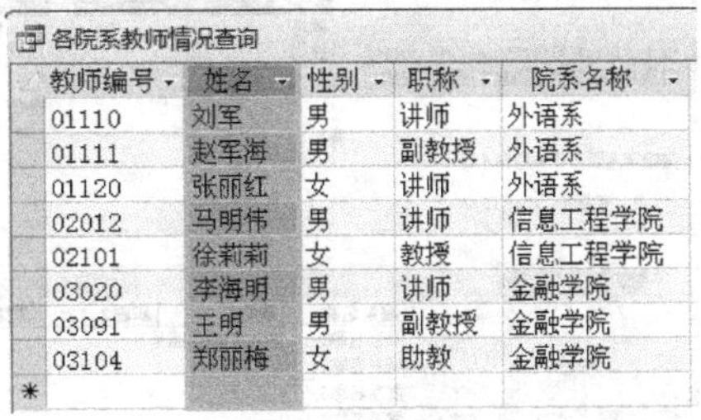

图 5-10　查询结果

### 实验 5–4　利用“交叉表查询向导”查询各院系职称人数

1. 实验要求：利用上例中所建的“各院系教师情况查询”，通过“交叉表查询向导”查询统计出各院系各类职称的教师的人数情况。

2. 实验步骤。

（1）在已经打开了“学生成绩管理系统.mdb”数据库的前提下，单击“创建”→“查询向导”→“交叉表查询向导”→“确定”按钮，参见图 5-1。

（2）在图 5-10 视图选中“查询”，然后在视图列表中选定“各院系教师情况查询”，单击“下一步”按钮，指定“院系名称”作为行标题字段，如图 5-12 所示，类似地，将列标题字段选定为“职称”，单击“下一步”按钮。

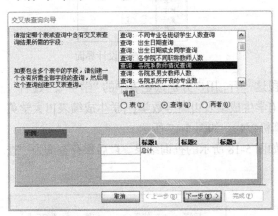

图 5-11　选择视图类别

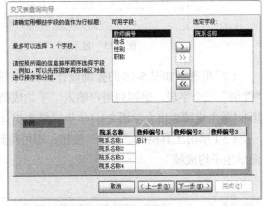

图 5-12　确定行标题

（3）确定交叉点计算数字，用户使用 count（教师编号）即可。如图 5-13 所示，单击“下一步”按钮。

（4）指定查询的名称为“各院系教师情况查询_交叉表”，同时选中“查看查询”。再单击“完成”按钮，即可得到查询结果，如图 5-14 所示。

### 实验 5–5　利用“查询设计”查询成绩平均分大于 85 分的学生

1. 实验要求：不使用查询向导，而通过查询设计，查询出平均分大于 85 分的学生的学号，姓名，性别，平均成绩。

2. 实验步骤。

（1）在已经打开了“学生成绩管理系统.mdb”数据库的前提下，单击“创建”→“查询设计”，在“显示表”中选中“学生成绩表”，单击“添加”按钮，如图 5-15 所示，显示如图 5-16 所示查询设计界面。

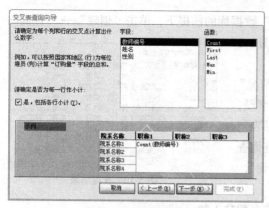

图 5-13　确定计算类型

图 5-14　交叉表查询结果

图 5-15　显示表

图 5-16　查询设计界面

（2）出现了如图 5-16 的查询设计界面，在字段这一行，用户分别选定表中的"学号"、"姓名"、"性别"三个字段，第四列用户输入"平均成绩: ([学生成绩表]![高等数学]+[学生成绩表]![大学英语]+[学生成绩表]![大学语文]+[学生成绩表]![计算机])/4"，如图 5-17 所示。

（3）单击工具栏的"运行"按钮，即可得到如图 5-18 所示的查询结果。最后保存查询为"查询学生平均成绩"。

图 5-17　设置条件

图 5-18　查询结果

**实验 5-6　利用"查询设计"，改变查询类型，生成新表**

1. 实验要求：使用上例产生的查询，通过改变"查询类型"为"生成表查询"，产生一张新表"NewStudent"。

2. 实验步骤。

（1）在已经打开了"学生成绩管理系统.mdb"数据库的前提下，在导航网格中的"查询类型"选定为"查询"，并双击上个实验中生成的"查询学生平均成绩"的查询。将视图切换为"设计视图"。将鼠标指向"设计网格"的空白处，单击鼠标右键，选择"查询类型"菜单项，再选中"生成表查询"菜单项，出现"生成表"窗口，如图 5-19 所示，输入"NewStudent"，单击"确定"按钮。

（2）单击工具栏中的"运行"按钮，出现如图 5-20 所示的追加记录确认提示，单击"是"按钮。用户转到导航风格处选中查询类型为"表"时，可以看到一个名称为"NewStudent"的表。

图 5-19　"生成表"窗口

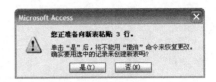

图 5-20　追加记录确定

（3）类似地用户可以完成追加查询和删除查询。

**实验 5–7　利用"查询设计"，完成两表的复杂查询**

1. 实验要求：查询班级"高等数学"平均分大于 70 分的班级名称及平均分成绩，并按平均分的降序方式进行排列显示。

2. 实验步骤。

（1）在已经打开了"学生成绩管理系统.mdb"数据库的前提下，单击"创建"→"查询设计"→"显示表"，选中"学生成绩表"，单击"添加"按钮，增加"学生基本情况表"，参照图 5-15 所示。

（2）将"学生基本情况表"中的"班级"字段和"学生成绩表"中的"高等数学"字段依次拖曳设计网格中字段行的相邻列内。

（3）单击工具栏中的Σ按钮。在设计网格中会新增一行"总计"。将鼠标单击字段"高等数学"处的"group by"位置，出现下拉框，选中"平均值"选项。

（4）在条件行中，"高等数学"字段列交汇单元格处输入条件："＞70"。在排序行中，对应的"高等数学"列单元格处，选中"降序"，如图 5-21 所示。

（5）单击工具栏中"运行"按钮，得到查询结果，如图 5-22 所示。

图 5-21　查询设置

图 5-22　查询结果

在快捷菜单中，单击"其他属性"项目，由此弹出对话框，输入一个名为"NewScale"的... "确定"图标。

（2）单击工具中的"运行"按钮，在弹出图 5-20 所示窗口对话框中输入...

# 实验 **6**
# SQL 语句

## 一、实验目的

1. 熟练掌握使用查询设计产生的查询引导出对应的 SQL 语句。
2. 熟悉并掌握打开 SQL 语句输入界面的方法。
3. 能够操作完成 SQL 视图的查询任务。
4. 熟悉并掌握利用 SQL 语句完成对数据的管理操作任务。

## 二、实验内容

### 实验 6-1　熟悉打开 SQL 语句输入界面的方法

1. 实验要求：通过此实验熟悉打开 SQL 语句输入界面的方法与步骤。
2. 实验步骤。

（1）用户在打开 Access 2010 后，打开"学生成绩管理系统.mdb"数据库。

（2）单击菜单"创建"→"查询设计"，出现"显示表"的窗口提示，用户不用做其他操作，直接单击窗口关闭。这时用户可以看到工具栏如图 6-1 所示。单击图中左上角的"SQL"视图即可得到如图 6-2 所示的 SQL 语句的输入窗口。此时是 SQL 视图，在此视图状态下，用户可输入 SQL 语句完成查询数据等操作。

图 6-1　创建查询设计时的工具栏

图 6-2　SQL 语句输入窗口

（3）用户在此窗口中可输入如下 SQL 语句，如图 6-3 所示。

`SELECT * from 学生基本情况表`

（4）将鼠标指向工具栏中的"运行"按钮，如图 6-4 所示。

图 6-3　输入的 SQL 语句

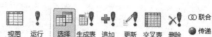

图 6-4　工具栏示意

（5）单击"运行"按钮，得到如图 6-5 所示的查询结果。

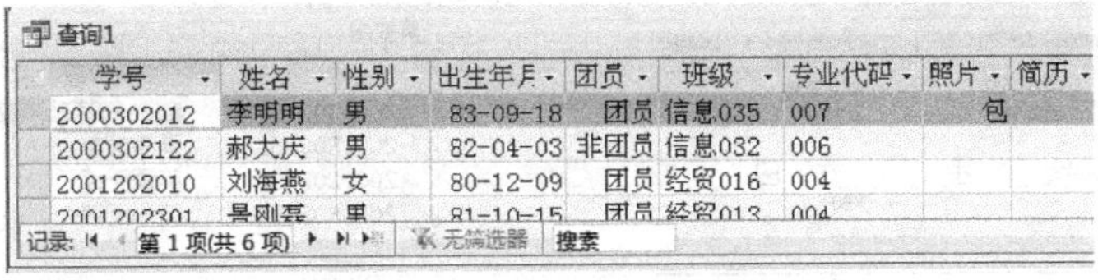

图 6-5　SQL 语句执行结果

### 实验 6-2　使用 SQL 语句对单表完成查询

1. 实验要求：查询"学生基本情况表"中所有男生的"学号，姓名，出生年月，以及班级"信息。

2. 实验步骤。

（1）在已经打开了"学生成绩管理系统.mdb"数据库的前提下，单击"创建"→"查询设计"，在弹出的"显示表"窗口中单击窗口关闭控制按钮。

（2）单击工具栏的"SQL 视图"按钮，如图 6-6 所示，出现"查询 1"SQL 语句输入窗口，输入 SQL 语句"select 学号,姓名,出生年月,班级 from 学生基本情况表 where 性别='男'"，如图 6-7 所示。单击工具栏中的"运行"按钮，即可得到图 6-5 的显示结果。

图 6-6　SQL 按钮

图 6-7　SQL 语句

### 实验 6-3　使用 SQL 语句完成涉及两个表的查询

1. 实验要求：通过查询设计操作和直接输入 SQL 语句两种方法进行对照查询，查询要求综合成绩不及格的学生成绩信息，要求显示学生的"学号，课程中文名称，综合成绩"（涉及成绩表与课程表）。

2. 实验步骤。

（1）首先使用查询设计操作完成查询，在已经打开了"学生成绩管理系统.mdb"数据库的前提下，单击"创建"→"查询设计"，在弹出的"显示表"窗口中添加"成绩表与课程表"后关闭窗口，如图 6-8 所示。

如果两表之间没有连线，用户可以通过鼠标左键按住课程表的"课程代码"，然后拖曳到成绩表的"课程代码"后松开就会得到一线连线（即联接），可以对此联接设定其属性（指到连线，单击鼠标右键），一般取第一项"只包含两个表中联接字段相等的行"。

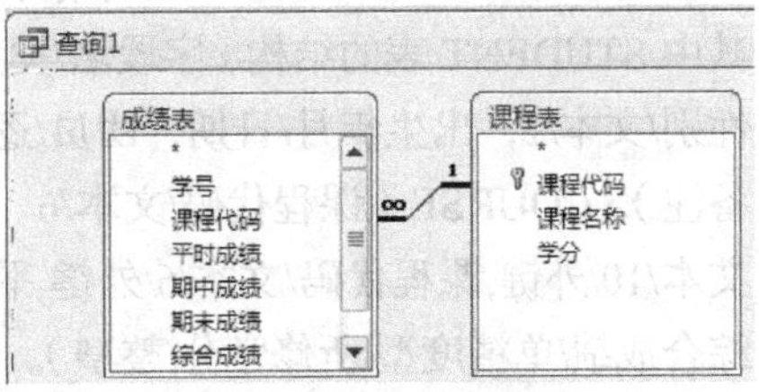

图 6-8　添加两个表

（2）拖动成绩表中的"学号"，课程表中的"课程名称"及成绩表中的"综合成绩"三个字段到查询中的下面栏的字段处。并在"综合成绩"下的条件行加上条件"<60"，如图 6-9 所示。

（3）单击"运行"按钮，得到查询结果如图 6-10 所示。

图 6-9　给定条件

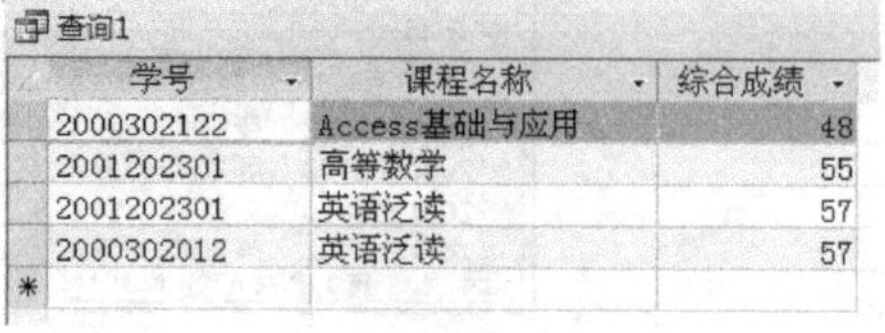

图 6-10　查询结果

（4）单击"视图"中的 SQL 视图可以得到对应的 SQL 语句，如图 6-11 所示。

（5）用户可在 SQL 视图中输入如下 SQL 查询语句。

图 6-11　SQL 语句

```
SELECT 成绩表.学号,课程表.课程名称,成绩表.综合成绩
FROM 课程表,成绩表
WHERE 课程表.课程代码=成绩表.课程代码 AND 成绩表.综合成绩<60
```

运行得到的结果与用查询操作所得结果是一样，如图 6-10 所示。用户可对两种 SQL 语句进行比较理解。

### 实验 6-4　使用 SQL 语句完成涉及两个表的分组排序查询

1. 实验要求：查询平均综合成绩大于 80 分的学生成绩信息，显示结果要求显示学生的"学号，姓名，平均综合成绩"，并按学生姓名降序排列（涉及学生基本情况表和成绩表）。

2. 实验步骤。

（1）在已经打开了"学生成绩管理系统.mdb"数据库的前提下，单击"创建"→"查询设计"，弹出"显示表"窗口，关闭窗口。单击工具栏的"视图"中的"SQL 视图"。输入如下 SQL 语句：

```
SELECT 学生基本情况表.学号, 姓名, round(avg(成绩表.综合成绩),1) as 总评平均分
FROM 学生基本情况表,成绩表
where 学生基本情况表.学号=成绩表.学号
group by 学生基本情况表.学号, 姓名
having round(avg(成绩表.综合成绩),1)>80
```

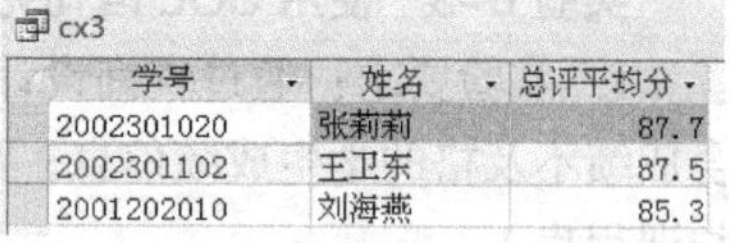

（2）单击"运行"按钮，可得到如图 6-12 所示结果。

图 6-12　查询结果

### 实验 6-5　使用 SQL 语句完成数据表的创建

1. 实验要求：用户使用 SQL 的 CREATE 命令创建保存学生基本信息的 STUDENT 表，保存课程信息的 COURSE 表，以及保存学生成绩信息的 SCORE 表，并建立这三表之间的永久关系。其中 STUDENT 表的结构（字段名/类型/宽度/主键或外键）是:（学号/文本/10/主键, 姓名/文本/8, 性别/文本/1, 出生年月/日期, 团员/逻辑, 班级/文本/10, 专业代码/文本/8, 照片/OLE 型, 简历/备注），COURSE（课程代码/文本/6　primary key,课程名称/文本/30,学分/整型），SCORE（学号/文本/10/外键,课程代码/文本/6/外键,平时成绩/单精度型,期中成绩/单精度型,期末成绩 /单精度型,综合成绩/单精度型,所修学分/整型）。

2. 实验步骤。

（1）单击"创建"→"查询设计"，弹出"显示表"窗口，关闭窗口。单击工具栏的"视图"中的"SQL 视图"。输入如下 SQL 语句：

```
CREATE TABLE STUDENT(学号 text(10) primary key,姓名 text(8),性别 text(1),出生年月 date,
```

团员 logical,班级 text(10),专业代码 text(8),照片 general,简历 memo)

单击工具栏中"！运行"即可生成 STUDENT 表。

（2）同上分别输入如下语句：

CREATE TABLE COURSE(课程代码 text(6) primary key,课程名称 text(30),学分 smallint)

CREATE TABLE SCORE(学号 text(10) references STUDENT,课程代码 text(6) references COURSE,平时成绩 float,期中成绩 float,期末成绩 float,综合成绩 float,所修学分 smallint)

逐一运行，即可生成 COURSE 表与 SCORE 表。

（3）选中菜单栏中的"数据库工具"，单击工具栏中的"关系"，可见三表之间的关系，如图 6-13 所示。

图 6-13　表间关系图

### 实验 6-6　使用 SQL 语句完成数据表的数据插入

1. 实验要求：往 STUDENT 表中插入一条纪录。

2. 实验步骤。

（1）单击"创建"→"查询设计"，弹出"显示表"窗口，关闭窗口。单击工具栏的"视图"中的"SQL 视图"。输入如下 SQL 语句：

insert into STUDENT(学号,姓名,性别,出生年月,团员,班级,专业代码)
VALUES("2000302012","李明明","男",#1983-9-18#,yes,"信息 035","007")

（2）单击工具栏中"！运行"往 STUDENT 表中插入一条记录。

### 实验 6-7　使用 SQL 语句，将查询结果插入到数据表中

1. 实验要求：从"学生基本情况表"中查询性别是男性的所有记录插入到 STUDENT 表中。

2. 实验步骤。

（1）单击"创建"→"查询设计"，弹出"显示表"窗口，关闭窗口。单击工具栏的"视图"中的"SQL 视图"。输入如下 SQL 语句：

insert into STUDENT(学号,姓名,性别,出生年月,团员,班级,专业代码)
Select 学号,姓名,性别,出生年月,团员,班级,专业代码
From 学生基本情况表
Where 性别="男"

（2）单击工具栏中"！运行"往 STUDENT 表中插入所有性别是"男"的学生的记录。

### 实验 6-8　使用 SQL 语句，修改表的结构

1. 实验要求：在 STUDENT 表增加一个字段"籍贯"，类型为文本，宽度为 50。

2. 实验步骤。

（1）单击"创建"→"查询设计"，弹出"显示表"窗口，关闭窗口。单击工具栏的"视图"

中的"SQL 视图"。输入如下 SQL 语句：

```
ALTER TABLE STUDENT ADD COLUMN 籍贯 text(50)
```

（2）单击工具栏中"！运行"往 STUDENT 表中增加一个字段"籍贯"。

### 实验 6-9　使用 SQL 语句，修改表的记录

1. 实验要求：将 STUDENT 表中所有 1981 年出生的学生，"团员"改为"非团员"。

2. 实验步骤。

（1）单击"创建"→"查询设计"，弹出"显示表"窗口，关闭窗口。单击工具栏的"视图"中的"SQL 视图"。输入如下 SQL 语句：

```
update student set 团员=no where year(出生年月)=1981
```

（2）单击工具栏中"！运行"，STUDENT 表中对应符合条件的记录就作了修改。

### 实验 6-10　使用 SQL 语句，删除表的记录

1. 实验要求：将 STUDENT 表中所有 1981 年出生的学生记录删除。

2. 实验步骤。

（1）单击"创建"→"查询设计"，弹出"显示表"窗口，关闭窗口。单击工具栏的"视图"中的"SQL 视图"。输入如下 SQL 语句：

```
delete from student where year(出生年月)=1981
```

（2）单击工具栏中"！运行"，STUDENT 表中对应符合条件的记录就作了删除。

### 实验 6-11　使用 SQL 语句，删除表

1. 实验要求：新建的一个 STU 表，将此表从数据库中删除。

2. 实验步骤。

（1）选择"创建"→"查询设计"，弹出"显示表"窗口，关闭窗口。单击工具栏的"视图"中的"SQL 视图"。输入如下 SQL 语句：

```
Drop table STU
```

（2）单击工具栏中"！运行"，STU 表就从数据库中被删除。

# 实验 7
# 设计窗体

## 一、实验目的

1. 能够使用窗体向导完成简单的窗体设计。
2. 熟悉并掌握窗体设计的各种方法以及设计工具。
3. 熟悉并掌握各种常用的窗体控件的使用。
4. 能够根据需要自主设计出满足需要的窗体。

## 二、实验内容

### 实验 7-1　使用窗体向导设计窗体

1. 实验要求：通过窗体向导设计出"学生基本情况表表格式"窗体。

2. 实验步骤。

（1）用户在打开 Access 2010 后，打开"学生成绩管理系统.mdb"数据库。

（2）单击菜单"创建"→"窗体向导"，在"表/查询"下拉框中选定"学生基本情况表"，并选定除照片外的所有字段单击"下一步"按钮，如图 7-1 所示。

（3）出现如图 7-2 所示窗口，选中"表格"，单击"下一步"按钮。

图 7-1　选取字段

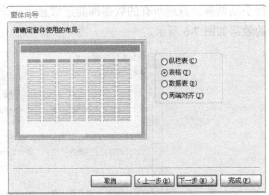

图 7-2　确定窗体布局

（4）出现图 7-3 所示窗口，为窗体指定标题"学生基本情况表表格窗体"。

（5）单击"完成"按钮，出现图 7-4 所示的窗体结果。

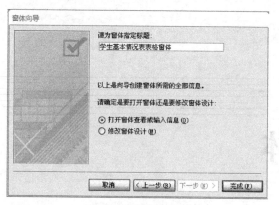

图 7-3 窗体指定标题

图 7-4 窗体效果

### 实验 7-2 通过布局视图修改上例中的窗体

1. 实验要求：对"学生基本情况表表格式"窗体进行布局调整，使显示结果能够完整显示学生基本情况信息，不会出现有些信息显示不出的情况。

2. 实验步骤。

（1）在"窗体"中选中"学生基本情况表表格窗体"，如图 7-5 所示。单击鼠标右键，在弹出窗口中选中"布局视图"。

图 7-5 窗体选择

（2）在布局视图中对字段名大小及位置，下面数据大小及位置，进行手动调整，直到所有的数据都能正常显示出来，且相对美观，调整后的效果如图 7-6 所示。

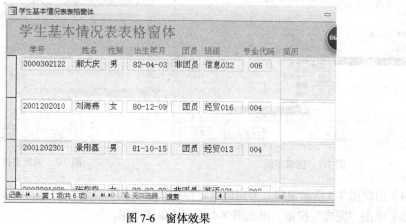

图 7-6 窗体效果

### 实验 7-3 通过"窗体向导"创建母/子窗体

1. 实验要求：利用"窗体向导"生成母窗体及其子窗体的功能完成创建"学生基本情况及学习成绩查看"窗体。

2. 实验步骤。

（1）单击"创建"→"窗体向导"，在"表/查询"下拉框选定"学生基本情况表"，选定除照片和简历外的所有字段。

（2）再次在"表/查询"下拉框选定"成绩表"，选定所有字段到"选定字段"框中，单击"下一步"按钮，如图 7-7 所示。

（3）选择"带有子窗体的窗体"，"查看数据的方式"选中"通过 学生基本情况表"，单击"下一步"按钮，如图 7-8 所示。

图 7-7　选定字段

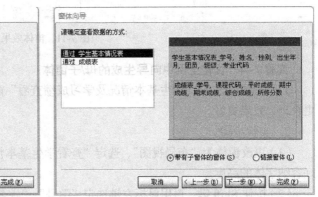

图 7-8　确定查看数据的方式

（4）在"请确定子窗体使用的布局"，选中"表格"，单击"下一步"按钮，如图 7-9 所示。

（5）窗体指定标题"查看学生基本情况及学习成绩"，子窗体标题"该学生成绩情况"。选中"打开窗体查看或输入信息"单选按钮，如图 7-10 所示，单击"完成"按钮，生成新的母/子窗体。

图 7-9　确定窗体布局

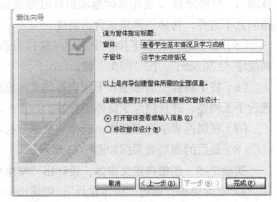

图 7-10　窗体指定标题

（6）图 7-11 所示为"窗体"视图中显示的母/子窗体。显然，这个效果还很粗糙，还需要进一步进行窗体布局的调整。

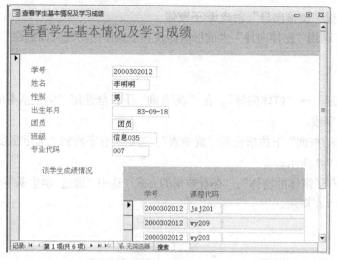

图 7-11  窗体效果

**实验 7-4  优化上例中向导生成的母/子窗体**

1. 实验要求：对"学生基本情况及学习成绩查看"窗体进行布局调整，使显示结果能够布局更合理，效果更好。

2. 实验步骤。

（1）更改窗体为"布局视图"，选定"查看学生基本情况及学习成绩"标签，将其高度降为刚好容纳字体的高度。

（2）按住 Shift 键，再用鼠标左键选定"学号"，"姓名"，"性别"，"出生年月"标签和文本框，单击鼠标右键，选定"布局"→"堆积"；同样方法选定"团员"，"班级"，"专业代码"，标签和文本框，单击鼠标右键，选定"布局"→"堆积"。

（3）然后分别拖曳，放在左右并排排列。

（4）按住 Shift 键，再用鼠标左键选中子窗体的页眉中所有标签，"学号"，"课程代码"，"平时成绩"，"期中成绩"，"期末成绩"，"所修分数"，使用鼠标拖动到页眉的顶端，接着将鼠标指向其下边界，将标签调整到合适高度。

（5）在右边属性表下拉框中选定"整体页眉"，格式中的高度输入"0.6cm"，按"回车"键。

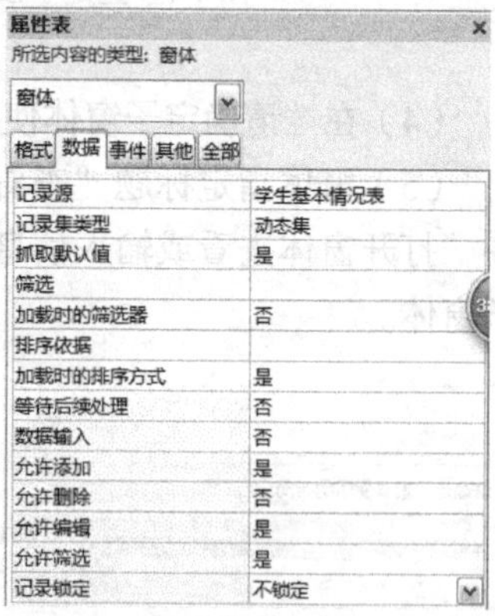

（6）将子窗体中的标签和下面内容的文本框的位置及宽度进行手工调整，并且删除子窗体的标签。

图 7-12  属性表

（7）在属性表中选定窗体，选中"数据"标签项，进行属性设置，如图 7-12 所示。

（8）最后的布局效果图如图 7-13 所示。

**实验 7-5  创建自定义窗体，设计出"学生成绩管理"窗体**

1. 实验要求：通过"窗体设计"，创建出一个空表单，然后在此基础上自定义出一个"学生成绩管理"的系统启动界面窗体。

2. 实验步骤。

（1）单击"创建"→"窗体设计"，进入"设计视图"。

（2）在"主体"空白处单击鼠标右键弹出快捷菜单，选中"窗体页眉/页脚"，添加窗体页眉与页脚，如图 7-14 所示。

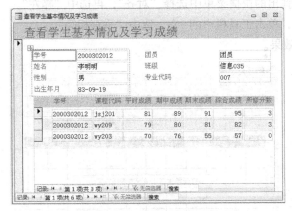

图 7-13　窗体效果图　　　　　　　　　　　图 7-14　添加"页眉/页脚"

（3）在"窗体设计工具"选项的"设计"工具栏中选择"标签控件"按钮 **Aa**，然后在窗体页眉处恰当位置单击鼠标右键，出现输入等待光标，在光标处输入"学生成绩管理"。

（4）单击选中新建标签，单击鼠标右键，弹出快捷菜单，选中"属性"（或直接在工具栏中找到"属性表"，单击也可）。将"字体名称"属性改为"黑体"，"字号"属性设为"30"，然后拖曳延展标签到恰当大小（或直接将宽度设为 6.5cm，高度设为 1.3cm）。并将标签拖曳放置在窗体页眉适当位置。

（5）设计窗体主体部分，在"窗体设计工具"下项"设计"的工具栏中选择"按钮控件"按钮，在窗体主体部分中适当位置单击鼠标左键，出现图 7-15 所示的向导对话框，类别选择"窗体操作"，操作选择"打开窗体"，单击"下一步"按钮。

（6）在"请确定命令按钮打开的窗体"中，选定实验 7-1 中所建的"学生基本情况表表格式窗体"，单击"下一步"按钮。看到"打开窗体并显示所有记录"选中的话，单击"下一步"按钮。选中"文本"，并输入"打开学生基本情况表表格式窗体"，如图 7-16 所示。

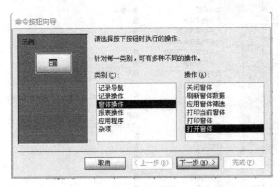　　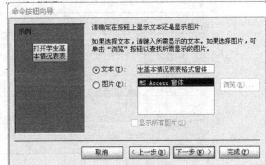

图 7-15　增加按钮　　　　　　　　　　　图 7-16　输入按钮上文字

（7）单击"下一步"按钮，指定按钮的名称设为"StuCmd1"，然后单击"完成"按钮，如图 7-17 所示。

（8）类似地，用户可以再创建"打开查看学生基本情况及学习成绩窗体"的按钮"StuCmd2"，以及创建"关闭学生成绩管理窗体"的按钮"StuCmd3"，此按钮在创建时选定类别"窗体操作"，操作是"关闭窗体"，其他操作一样，如图 7-18 所示。

（9）同时选中这三个命令按钮，单击工具栏中的"属性表"，选中"宽度"，设定值为"7cm"，高度设为"0.7cm"。同时，单击鼠标右键，在弹出的快捷菜单中选择"对齐"，再选中"靠左"。

（10）单击"窗体设计工具"下的"排列"，单击工具栏中的 大小空格，选中"垂直相等"。

（11）最后用户得到如图 7-18 所示的窗体效果。

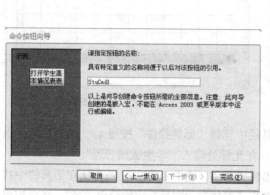

图 7-17 指定按钮的名称

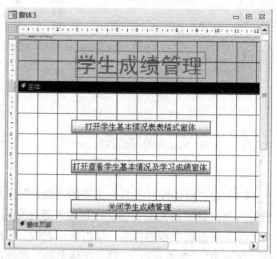

图 7-18 加三个按钮后效果

（12）设定窗体属性，用户单击窗体左上角处的"窗体选择器"选项，单击鼠标右键，选定属性。在窗体属性对话框中的设置中，将"记录选择器"设成"否"，"导航按钮"设成"否"，"分隔线"设成"是"，"关闭按钮"设成"否"。并选定"窗体主体"，单击鼠标右键，选择"填充/背景色"，选中"淡绿色"作为背景颜色，如图 7-19 所示。

图 7-19 设定窗体属性

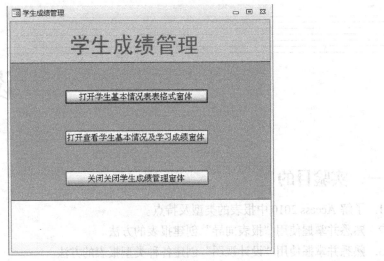

（13）最后，用户保存窗体，窗体命名为"学生成绩管理"。运行此窗体，得到窗体效果图如图 7-20 所示。

图 7-20　窗体运行效果

# 实验 8
# 设计报表

## 一、实验目的

1. 了解 Access 2010 中报表的类型及特点。
2. 熟悉并掌握使用"报表向导"创建报表的方法。
3. 熟悉并掌握使用"设计视图"创建各种类型报表的方法。
4. 掌握报表汇总统计中计算函数的使用方法。
5. 掌握对已经生成的报表进一步编辑的方法。
6. 能够根据需要自主设计出满足需要的报表。

## 二、实验内容

### 实验 8-1 使用报表向导设计报表

1. 实验要求：通过报表向导设计出名称为"查看学生基本情况报表"的报表。
2. 实验步骤。

（1）用户在打开 Access 2010 后，打开"学生成绩管理系统.mdb"数据库。

（2）单击菜单"创建"→"报表向导"，在"表/查询"下拉框选定"学生基本情况表"，并选定除"照片和专业代码"的所有字段，再在"表/查询"下拉框选定"专业表"，只选定"专业名称"字段，如图 8-1 所示。单击"下一步"按钮。

（3）出现如图 8-2 所示的窗口，在"请确定查看数据的方式"中选中"通过 学生基本情况表"，单击"下一步"按钮。

（4）出现如图 8-3 所示的窗口，在"是否添加分组级别？"，添加"性别"进行分组，单击"下一步"按钮。

图 8-1 选取字段

（5）在确定排序次序时，选中按学号进行排序，如图 8-4 所示。单击"下一步"按钮。

（6）布局选"递阶"，方向选"纵向"，如图 8-5 所示。单击"下一步"按钮。

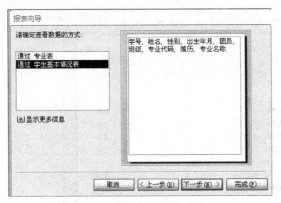

图 8-2　确定查看数据方式

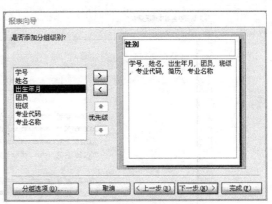

图 8-3　添加分组

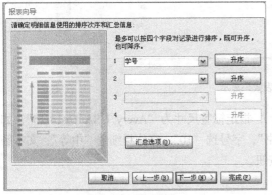

图 8-4　确定排序次序

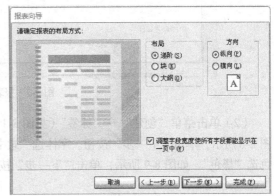

图 8-5　确定布局方式

（7）为报表指定标题"查看学生基本情况报表"，如图 8-6 所示。

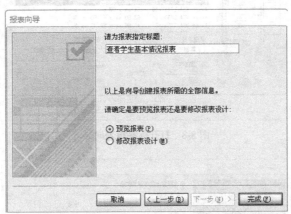

图 8-6　指定标题

（8）单击"完成"按钮，出现如图 8-7 所示的报表结果。

**实验 8-2　创建标签报表**

1. 实验要求：通过报表设计创建"学生基本情况标签"报表。

2. 实验步骤。

（1）用户在打开 Access 2010 后，打开"学生成绩管理系统.mdb"数据库，并在左边"导航窗格"中双击选定"浏览类别"为表中的"学生基本情况表"，打开学生基本情况表。

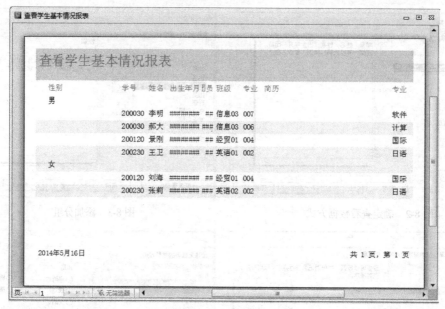

图 8-7　报表效果显示

（2）单击菜单"创建"→"标签"（见图 8-1），指定标签尺寸为"Avery USA l7414/15"，如图 8-8 所示，单击"下一步"按钮。字体选"隶书"，字号选"10"，字体粗细选"中等"，文本颜色选"黑色"，如图 8-9 所示，单击"下一步"按钮。

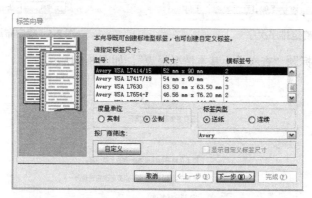

图 8-8　打开标签报表向导

图 8-9　确定字体字号颜色

（3）接下来，用户对邮件标签显示内容进行设定，如图 8-10 所示，单击"下一步"按钮。

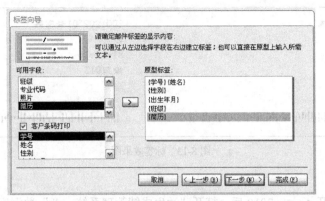

图 8-10　确定标签显示内容

（4）进行排序选择，用户选定按学生"姓名"进行排序，如图 8-11 所示，单击"下一步"按钮。

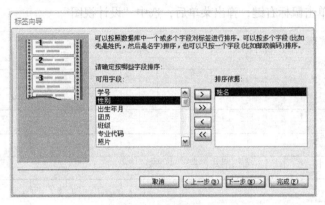

图 8-11　确定排序方式

（5）指定报表的名称为"标签-学生基本情况报表"，如图 8-12 所示，单击"完成"按钮，效果如图 8-13 所示。

图 8-12　指定报表名称

### 实验 8-3　使用报表设计视图对实验 8-1 中所设计报表进行修改

1. 实验要求：通过报表设计对实验 1 中设计出的名称为"查看学生基本情况报表"的报表进

行修改美化，使其美观，并能正常显示信息内容。

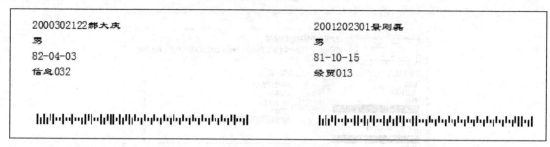

图 8-13　标签效果图

2. 实验步骤。

（1）用户在打开 Access 2010 后，打开"学生成绩管理系统.mdb"数据库。

（2）到 Access 窗口中找到左边的"导航空格"，在浏览类别中选中报表，双击其中的实验 8-1 所创建的"查看学生基本情况报表"，用户会看到如图 8-14 所示的报表视图，将鼠标移到此报表窗口的标题栏，并单击鼠标右键，弹出菜单后，选中"设计视图"。

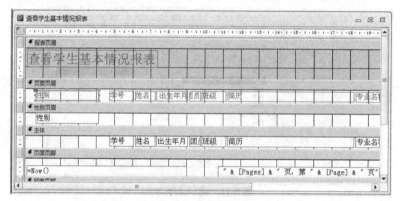

图 8-14　打开设计视图

（3）将报表页眉中的"查看学生基本情况报表"的字体设定成"华文行楷"，将字体大小设定为 28，并将其移动到居中位置。

（4）移动"页面页眉"和"主体"中的各个字段名称，并调整其宽度到合适大小及位置，如图 8-15 所示。

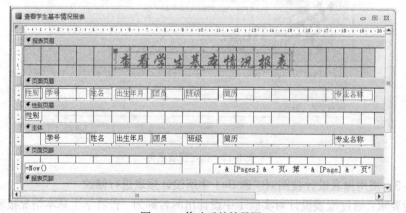

图 8-15　修改后的结果图

（5）再将鼠标移到此报表窗口的标题栏，并单击鼠标右键，出现弹出菜单后，选中"报表视图"。用户可以看到最终的效果图，如图 8-16 所示。

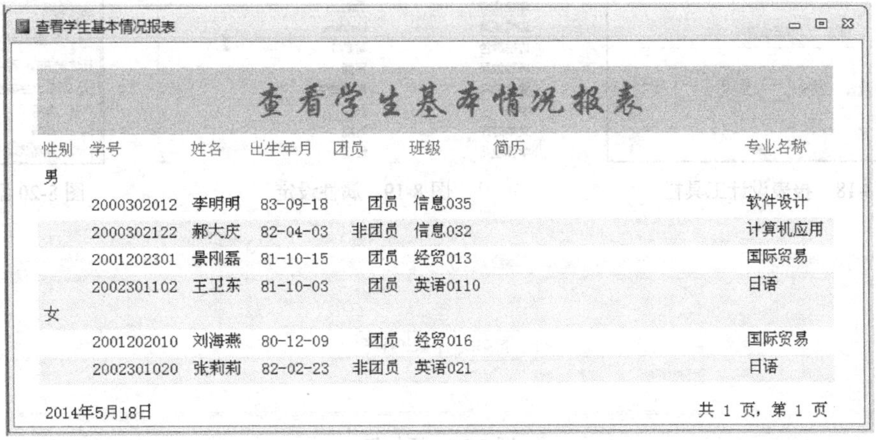

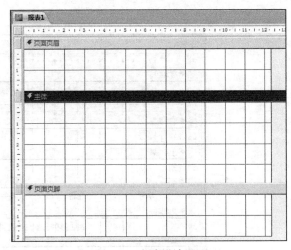

图 8-16 报表效果图

### 实验 8-4 直接通过"报表设计"设计报表

1. 实验要求：直接通过"报表设计"创建"按性别分类查看学生成绩报表"报表。

2. 实验步骤。

（1）用户在打开 Access 2010 后，再打开"学生成绩管理系统.mdb"数据库。

（2）单击菜单"创建"→"报表设计"，打开一个"报表设计"视图界面，如图 8-17 所示。将鼠标指针指向页面页眉或主体等任意空白处，单击右键，出现弹出式菜单后选中"报表页眉/页脚（H）"，增加"报表页眉/页脚"。

（3）如图 8-18 所示，单击选定菜单"报表设计工具栏"下的"标签"图标控件，然后在"报表面眉"下空白处单击，并开始输入标签文字"按性别分类查看学生成绩报表"作为报表的表头名称，同时用户在窗口右边的属性表中将其"字体名称"设定为"华文隶书"，"字号"为 28，字体粗细为加粗，如图 8-19 所示，并将其移动居中。

图 8-17 报表设计界面

（4）将"学生成绩表"表中的字段，分别是"学号"、"姓名"、"性别"、"高等数学"、"大学英语"、"大学语文"、"计算机"拖动到"主体"内。然后将这些字段的所有标签通过"剪切"后"粘贴"操作移动到页面页眉内。记得把所有标签内的所有"："去掉，并排列好如图 8-20 所示。

（5）将鼠标指针指向"主体"，单击右键，选中"排序与分组"，然后单击添加组，选中"性别"，默认按"升序"不变。然后将主体中的"性别"移动到"性别页眉"内，并调整其位置，同时可将页面页眉的"性别"标签调整到最左边，如图 8-21 所示。

图 8-18 报表设计工具栏

图 8-19 属性设定

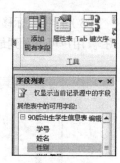

图 8-20 添加字段

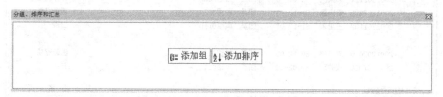

图 8-21 添加组

（6）在页面页脚处插入页码。按如图 8-22 所示操作和设置即可。如果插入的页码出现在其他地方，就请拖曳至页面页脚处适当的地方。

（7）切换视图到"报表视图"，用户可以看到最终的报表效果图，如图 8-23 所示。

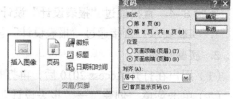

图 8-22 添加页码

图 8-23 设计结果

（8）最后，在报表页脚处使用文本框按钮，插入一文本框，出现的标签内容写上"编制单位："，同时在其右方文本框内输入"=date()"，把插入的日期拖到报表页脚适当位置处。最后用户得到如图 8-23 所示的设计结果。报表效果如图 8-24 所示。

### 实验 8-5　在报表中添加统计计算公式

1. 实验要求：在上一个实验中创建的"按性别分类查看学生成绩报表"报表中，对男女学生的各门功课的平均成绩进行计算，并显示出来。

图 8-24　报表效果图

2. 实验步骤。

（1）用户在打开 Access 2010 后，打开"学生成绩管理系统.mdb"数据库。双击打开"按性别分类查看学生成绩报表"，并切换视图到"设计视图"。然后，单击"分组、排序和汇总"下的"更多"，然后将原来的无页脚节改为"有页脚节"，如图 8-25 所示。

图 8-25　添加分组

（2）在新显示出的"性别页脚"下面添加 4 个文本框，将标签部分分别写入"数学平均分:"，"语文平均分:"，"英语平均分:"，"计算机平均分:"。文本框内从前到后分别输入"=Avg([高等数学])"，"=Avg([大学语文])"、"=Avg([大学英语])"、"=Avg([计算机])"。并将其移动到靠右的位置，同时将性别页脚的高度拖到适合的高度，如图 8-26 所示。

图 8-26　加入计算公式

（3）将视图切换到"报表视图"，用户得到修改后的效果，如图 8-27 所示。

图 8-27　报表效果图

# 实验9
# 宏的应用

## 一、实验目的

1. 熟悉和掌握宏的建立和修改方法。
2. 熟悉和掌握宏组和条件宏的创建方法。
3. 掌握宏或宏组加载到窗体控件中的方法。
4. 掌握自动运行宏的创建方法。

## 二、实验内容

### 实验 9-1 创建一个简单的宏

1. 实验要求：创建名为"打开员工表"的宏。其功能显示"员工"表，宏运行结果如图 9-1 所示。

| | ID | 公司 | 姓氏 | 名字 | 电子邮件地址 | 职务 |
|---|---|---|---|---|---|---|
| + | 1 | 罗斯文贸易 | 张 | 颖 | nancy@northwindtrad | 销售代表 |
| + | 2 | 罗斯文贸易 | 王 | 伟 | andrew@northwindtrad | 销售副总裁 |
| + | 3 | 罗斯文贸易 | 李 | 芳 | jan@northwindtraders | 销售代表 |
| + | 4 | 罗斯文贸易 | 郑 | 建杰 | mariya@northwindtrad | 销售代表 |
| + | 5 | 罗斯文贸易 | 赵 | 军 | steven@northwindtrad | 销售经理 |
| + | 6 | 罗斯文贸易 | 孙 | 林 | michael@northwindtrad | 销售代表 |
| + | 7 | 罗斯文贸易 | 金 | 士鹏 | robert@northwindtrad | 销售代表 |
| + | 8 | 罗斯文贸易 | 刘 | 英玫 | laura@northwindtrad | 销售协调 |
| * | 9 | 罗斯文贸易 | 张 | 雪眉 | anne@northwindtraders | 销售代表 |
| | (新建) | | | | | |

记录: ◀ 第 1 项(共 9 项) ▶ ▶▶ 无筛选器 搜索 ◀ ▒ ▶

图 9-1 "课程"表

2. 实验步骤。

（1）打开"罗斯文"数据库。

（2）在数据库中打开"创建"选项卡，单击"宏与代码"组中"宏"按钮，进入宏设计窗口，在"添加新操作"组合框中选择"OpenTable"，窗口中会出现相应的操作参数。在操作参数栏的"表名称"项选择"员工"、"视图"项中选择"数据表"、"数据模式"项中选择"编辑"模式，如图 9-2 所示。

图 9-2 宏设计器窗口

（3）在右侧"操作目录"窗格中，把程序流程中的"Comment"拖到"添加新操作"组合框中，添加注释文字：打开"员工"表（也可以双击"Comment"），如图 9-3 所示。

（4）关闭窗口，在弹出的"另存为"对话框中输入宏名称"打开员工表"，单击"确定"按钮即可。

（5）双击"打开员工表"运行该宏，观察运行结果。

图 9-3　操作目录

### 实验 9-2　宏组的创建与应用

1. 实验要求。

（1）设计名为"主菜单"的宏，其中包括 5 个宏 m1、m2、m3、m4、m5。其中 m1 的功能是打开"员工"表并最大化显示，m2 的功能是打开"员工列表"窗体并最大化显示，m3 的功能是执行"员工扩展信息"查询并最大化显示，m4 的功能是打开"员工电话簿"报表并最大化显示，m5 的功能是关闭"主窗体"。

（2）建立名为"主窗体"的窗体，窗体包含 5 个命令按钮"员工表"、"员工列表窗体"、"员工扩展信息查询"、"员工电话簿报表"和"退出"，其功能依次是运行宏组中的各个宏，窗体如图 9-4 所示。

2. 实验步骤。

（1）在数据库中打开"创建"选项卡，单击"宏与代码"组中"宏"按钮，进入宏设计窗口。

（2）在"操作目录"窗格中，把程序流程中的"Submacro"拖到"添加新操作"组合框中，在子宏名称文本框中，默认名称为 Sub1，把该名称修改为"m1"。（也可以双击"Submacro"），如图 9-5 所示。

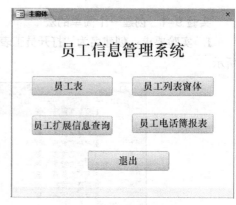

图 9-4　"主窗体"窗体

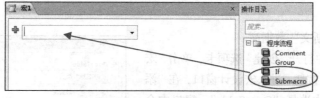

图 9-5　宏设计视图及操作目录

（3）在"添加新操作"组合框中选择"OpenTable"，窗口中会出现相应的操作参数。在操作参数栏的"表名称"项选择"员工"、"视图"项中选择"数据表"、"数据模式"项中选择"编辑"模式。在子宏 m1 中"添加新操作"组合框中选择"MaximizeWindow"，"Comment"操作，输入注释信息"打开员工表"，如图 9-6 所示。这个宏操作的功能是以编辑模式打开"员工"表并最大化显示。

（4）类似步骤（2）和步骤（3），设置宏名为 m2、m3、m4 和 m5 的子宏，在对应的"操作"组合框中选择 "OpenForm"、"MaximizeWindow"、"Comment"，"OpenQuery"、"MaximizeWindow"、"Comment"，"OpenReport"、"MaximizeWindow"、"Comment"，"CloseWindow"、"Comment" 命令。

（5）设置相应的操作参数。在 m2 的 OpenForm 操作的 "窗口名称" 项选择 "员工

图 9-6　宏 m1 操作

列表"窗体，"视图"项选择"窗体"，"窗口模式"项选择"普通"，Comment 操作的注释信息为"打开员工列表窗体"；在 m3 的 OpenQuery 操作的"查询名称"项选择"员工扩展信息"查询，"视图"项选择"数据表"，"数据模式"项选择"编辑"，Comment 操作的注释信息为"打开员工扩展信息查询"；在 m4 的 OpenReport 操作的"报表名称"项选择"员工电话簿"报表，"视图"项选择"报表"，"窗口模式"项选择"普通"，Comment 操作的注释信息为"打开员工电话簿报表"；最后在 m5 的 CloseWindow 操作的"对象类型"项中选择"窗体"，"对象名称"项输入"主窗体"，"保存"项选择"提示"，Comment 操作的注释信息为"关闭主窗体"，如图 9-7 所示。

图 9-7　宏组设计结果

（6）单击"保存"按钮，"宏名称"文本框中输入"主菜单"，单击"确定"按钮。

（7）关闭宏设计器。在功能区"创建"选项卡的"窗体"组，单击"窗体设计"按钮，打开窗体设计器窗口。

（8）按照图 9-3 建立名为"主窗体"的窗体。窗体中包含 5 个命令按钮，功能依次是执行"主菜单"宏组中的 5 个子宏，即打开"员工"表、打开"员工列表"窗体、打开"员工扩展信息"查询、打开"员工电话簿"报表和关闭"主窗体"。设置窗体的"分隔线"、"记录选择器"和"导航按钮"属性为否。

（9）将建好的宏组附加到 5 个命令按钮上。通过右键快键菜单打开"员工表"命令按钮的属性窗口。在"事件"选项卡的"单击"属性框中选择"主菜单.m1"，如图 9-8 所示。

（10）重复步骤（9），依次对剩余的 4 个按钮："员工列表窗体"、"员工扩展信息查询"、"员工电话簿报表"和"退出"进行设置，其中"单击"属性分别为"主菜单.m2"、"主菜单.m3"、"主菜单.m4"，"主菜单.m5"。

图 9-8　命令按钮属性窗口

（11）单击"保存"按钮，完成窗体的设计过程。

（12）运行"主窗体"，分别单击 5 个命令按钮，观察结果。

**实验 9–3　创建一个条件宏**

1. 实验要求：创建一个如图 9-9 所示的窗体，用于验证用户名和密码的正确性，窗体的名称为"登录"。然后建立一个名为"password"的条件宏。

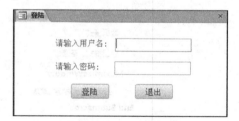

图 9-9　登录窗体

2. 实验步骤。

（1）打开"罗斯文"数据库。

（2）按照图 9-9 建立名为"登录"的窗体，窗体中包含 2 个标签、2 个文本框和 2 个按钮。2 个文本框的名称分别为"username"、"password"。

（3）在"创建"选项卡的"宏与代码"组中，单击"宏"按钮，打开"宏设计器"。

（4）在"添加新操作"组合框中，输入"IF"，单击条件表达式文本框右侧的 ✍ 按钮。

（5）打开"表达式生成器"对话框，在"表达式元素"窗格中，展开"罗斯文.accdb/Forms/所有窗体"，选中"登录窗体"。在"表达式类别"窗格中，双击"username"，在表达式值中输入"<> 'admin'"，双击"password"，在表达式值中输入"<> '123456'"，表达式值为"or"，如图 9-10 所示。单击"确定"按钮，返回到"宏设计器"中。

（6）在"添加新操作"组合框中单击下拉箭头，在打开的列表中选择"MessageBox"，在"操作参数"窗格的"消息"行中输入"用户名或密码错误!",在类型组合框中,选择"警告!",其他参数默认,如图 9-11 所示。

图 9-10　"表达式生成器"对话框

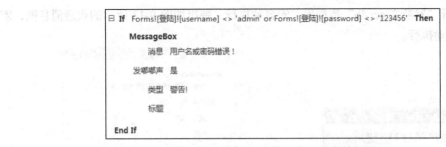

图 9-11　password 宏第一个 IF 的设计视图

(7)重复步骤(4)和步骤(5),设置第 2 个 IF。在 IF 的条件表达式中输入条件:[Forms]![登录]![username]='admin' And [Forms]![登录]![password]='123456'。在添加新操作组合框中,选择"Closewindows",其他参数分别为"窗体"、"登录"和"提示",如图 9-12 所示。

(8)在添加新操作中,选择"OpenForm",各参数分别为"主窗体"、"窗体"和"普通",如图 9-12 所示。

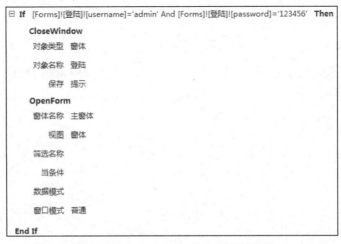

图 9-12　password 宏第二个 IF 的设计视图

（9）保存宏并命名为"password"。

（10）关闭宏设计器，打开"登录"窗体切换到设计视图中，选中"确定"按钮，在属性窗口中"事件"选项卡，"单击"项选"password"。

（11）选"窗体"对象，打开"登录"窗体，分别输入正确的密码、错误的密码，单击"确定"按钮，查看结果。

### 实验 9–4　创建一个自动运行宏

1．实验要求：当用户打开数据库后，系统弹出欢迎界面，如图 9-13 所示。

2．实验步骤。

（1）在"创建"选项卡的"宏与代码"组中，单击"宏"按钮，打开"宏设计器"。

（2）在"添加新操作"组合框中单击下拉箭头，在打开的列表中选择"MessageBox"，在"操作参数"窗格的"消息"行中输入"欢迎使用员工信息管理系统！"，在类型组合框中，选择"信息"，其他参数默认，如图 9-14 所示。

（3）保存宏，命名为"AutoExec"。

（4）关闭数据库。

（5）重新打开"罗斯文.accdb"数据库，宏自动执行，弹出如图 9-13 所示的欢迎消息框，宏"AutoExec"被自动执行。

图 9-13　"欢迎界面"对话框　　　　　图 9-14　自动运行宏设计视图

# 实验 10
# 模块与 VBA 程序设计

## 一、实验目的

1. 掌握建立标准模块及窗体模块的方法。
2. 熟悉 VBA 开发环境及数据类型。
3. 掌握常量、变量、函数及其表达式的用法。
4. 掌握程序设计的顺序结构、分支结构、循环结构。
5. 了解 VBA 的过程及参数传递。
6. 掌握变量的定义方法和不同的作用域和生存期。
7. 了解数据库的访问技术。

## 二、实验内容

### 实验 10-1 创建标准模块和窗体模块

1. 实验要求：在"罗斯文.accdb"数据库中创建一个标准模块"M1"，并添加过程"P1"和"P2"。

2. 实验步骤。

（1）打开"罗斯文.accdb"数据库，选择"创建"选项卡→"宏与代码"组，单击"模块"按钮，打开 VBE 窗口。选择"插入"→"过程"，弹出过程对话框，如图 10-1 所示。

（2）在添加过程对话框中"名称"文本框输入"P1"，"类型"栏选择"子程序"，"范围"栏选择"公共的"，单击"确定"按钮，如图 10-2 所示。

图 10-1 VBE 菜单栏及插入菜单的下拉菜单

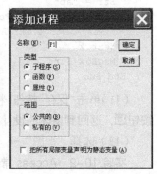

图 10-2 添加过程

（3）在代码窗口中输入"P1"的子过程代码，如图 10-3 所示。

（4）单击"视图"→"立即窗口"菜单命令，打开"立即窗口"，并在"立即窗口"中输入"Call P1()"，并按回车键，或单击工具栏中的"运行子过程/用户窗体"按钮 ，查看运行结果，如图10-4所示。

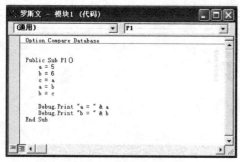

图10-3　P1子过程代码

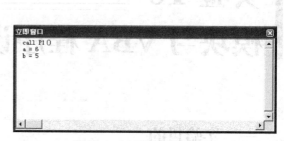

图10-4　P1子过程的调用

（5）单击工具栏中的"保存"按钮，输入模块名称为"M1"，保存模块。单击工具栏中的"视图Microsoft office Access"按钮，返回Access。

（6）在数据库窗口中，选择"模块"对象，再双击"M1"，打开VBE窗口。

（7）输入以下代码：

```
Sub P2()
  Dim name As String
  name = InputBox("请输入姓名", "输入")
  MsgBox "欢迎您" & name
End Sub
```

（8）单击工具栏中的"运行子过程/用户窗体"按钮，运行P2，输入自己的姓名，查看运行结果。

（9）击工具栏中的"保存"按钮，保存模块。

（10）在数据库窗口中，选择"创建"选项卡→"窗体"组，单击"窗体设计"按钮，打开打开窗体的设计视图，再选择"设计"选项卡→"工具"组中的"查看代码"按钮，打开VBE窗口，输入以下代码：

```
Private Sub Form_Click()
  Dim Str As String, k As Integer
  Str = "ab"
  For k = Len(Str) To 1 Step -1
    Str = Str & Chr(Asc(Mid(Str, k, 1)) + k)
  Next k
  MsgBox Str
End Sub
```

（11）单击"保存"按钮，将窗体保存为"Form11_1"，单击工具栏中的"视图Microsoft office Access"按钮，返回到窗体的设计视图中。

（12）选择"视图"→"窗体视图"菜单命令，单击窗体，查看消息框里显示的结果。

实验10-2　Access常量、变量、函数及表达式

实验要求：通过立即窗口完成以下各题。

1. 填写命令的结果。

| | | |
|---|---|---|
| ?7\2 | 结果为_____ | |
| ?7 mod 2 | 结果为_____ | |
| ?5/2<=10 | 结果为_____ | |
| ?#2012-03-05# | 结果为_____ | |
| ?"VBA"&"程序设计基础" | 结果为_____ | |
| ?"Access"+"数据库" | 结果为_____ | |
| ?"x+y="&3+4 | 结果为_____ | |

```
a1 = #2009-08-01#
a2=a1+35
```

| | |
|---|---|
| ?a2 | 结果为_____ |
| ?a1-4 | 结果为_____ |

2. 数值处理函数，如表 10-1 所示。

表 10-1　　　　　　　　　　数值处理函数

| 在立即窗口中输入命令 | 结果 | 功能 |
|---|---|---|
| ?int(-3.25) | | |
| ?sqr(9) | | |
| ?sgn(-5) | | |
| ?fix(15.235) | | |
| ?round(15.3451,2) | | |
| ?abs(-5) | | |

3. 常用字符函数，如表 10-2 所示。

表 10-2　　　　　　　　　　常用字符函数

| 在立即窗口中输入命令 | 结果 | 功能 |
|---|---|---|
| ?InStr("ABCD","CD") | | |
| c="Beijing University" | | |
| ?Mid(c,4,3) | | |
| ?Left(c,7) | | |
| ?Right(c,10) | | |
| ?Len(c) | | |
| d="　BA　" | | |
| ?"V"+Trim(d)+"程序" | | |
| ?"V"+Ltrim(d)+"程序" | | |
| ?"V"+Rtrim(d)+"程序" | | |
| ?"1"+Space(4)+"2" | | |

4. 日期与时间函数，如表 10-3 所示。

表 10-3　　　　　　　　　　日期与时间函数

| 在立即窗口中输入命令 | 结果 | 功能 |
|---|---|---|
| ?Date() | | |
| ?Time() | | |
| ?Year(Date()) | | |

5. 类型转换函数，如表 10-4 所示。

表 10-4 类型转换函数

| 在立即窗口中输入命令 | 结果 | 功能 |
| --- | --- | --- |
| ?Asc("BC") | | |
| ?Chr(67) | | |
| ?Str(100101) | | |
| ?Val("2010.6") | | |

### 实验 10–3　VBA 流程控制（顺序控制与输入/输出）

1. 实验要求：输入圆的半径，显示圆的面积，如图 10-5 和图 10-6 所示。

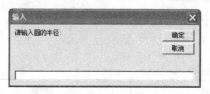

图 10-5　圆的半径输入窗口

图 10-6　圆面积输出窗口

2. 实验步骤。

（1）在数据库窗口中，选择"模块"对象，单击"新建"按钮，打开 VBE 窗口。

（2）在代码窗口中输入"Area"子过程，过程 Area 代码如下：

```
Sub Area()
Dim r As Single
Dim s As Single
r = InputBox("请输入圆的半径:","输入")
s = 3.14 * r * r
MsgBox "半径为: " + Str(r) + "时的圆面积是: " + Str(s)
End Sub
```

（3）运行过程 Area，在输入框中，如果输入半径为 1，记录输出结果。

（4）单击工具栏中的"保存"按钮，输入模块名称为"M2"，保存模块。

### 实验 10–4　VBA 流程控制（选择控制 1）

1. 实验要求：编写一个过程，从键盘上输入一个数 X，如 X≥0，输出它的算术平方根；如果 X<0，输出它的平方值，如图 10-7 和图 10-8 所示。

图 10-7　数据输出窗口

图 10-8　结果输出窗口

2. 实验步骤。

（1）在数据库窗口中，双击模块"M2"，打开 VBE 窗口。

（2）在代码窗口中添加"Prm1"子过程，过程 Prm1 代码如下：

```
Sub Prm1()
Dim x As Single
```

```
x = InputBox("请输入 X 的值", "输入")
If x >= 0 Then
  y = Sqr(x)
Else
  y = x * x
End If
MsgBox "x=" + Str(x) + "时 y=" + Str(y)
End Sub
```

（3）运行 Prm1 过程，如果在"请输入 X 的值："中输入：4（回车），记录结果。

（4）单击工具栏中的"保存"按钮，保存模块 M2。

### 实验 10-5 VBA 流程控制（选择控制 2）

1. 实验要求：使用选择结构程序设计方法，编写一个子过程，从键盘上输入成绩 X（0～100），如果 X>=85 且 X≤100 输出"优秀"，X≥70 且 X<85 输出"通过"，X≥60 且 X<70 输出"及格"，X<60 输出"不及格"，如图 10-9 和图 10-10 所示。

图 10-9 成绩输入窗口

图 10-10 结果输出窗口

2. 实验步骤。

（1）在数据库窗口中，双击模块"M2"，打开 VBE 窗口。

（2）在代码窗口中添加"Prm2"子过程，过程 Prm2 代码如下：

```
Sub Prm2()
num1= InputBox("请输入成绩 0～100")
If num1 >= 85 Then
    result = "优秀"
ElseIf num1 >= 70 Then
    result = "通过"
ElseIf num1 >= 60 Then
    result = "及格"
Else
    result = "不及格"
End If
MsgBox result
End Sub
```

（3）反复运行过程 Prm2，输入各个分数段的值，查看运行结果。如果输入的值为 85，则输出结果是_____。最后保存模块 M2。

### 实验 10-6 VBA 流程控制（选择控制 3）

1. 实验要求：使用选择结构程序设计方法，编写一个子过程，从键盘上输入一个字符，判断输入的是大写字母、小写字母、数字还是其他特殊字符，如图 10-11 和图 10-12 所示。

图 10-11　字符输入窗口　　　　　　　　　　　图 10-12　结果输出窗口

2. 实验步骤。

（1）在数据库窗口中，双击模块"M2"，打开 VBE 窗口。

（2）在代码窗口中添加"Prm3"子过程，过程 Prm3 代码如下：·

```
Public Sub prm3()
Dim x As String
Dim Result as String
x = InputBox("请输入一个字符")
Select Case Asc(x)
  Case 97 To 122
    Result= "小写字母"
  Case 65 To 90
    Result= "大写字母"
  Case 48 To 57
    Result= "数字"
  Case Else
    Result= "其他特殊字符"
End Select
Msgbox Result
End sub
```

（3）反复运行过程 Prm3，分别输入大写字母、小写字母、数字和其他符号，查看运行结果。如果输入的是"A"，则运行结果为_____。如果输入的是"!"，则运行结果为_____。最后保存模块 M2。

**实验 10-7　VBA 流程控制（循环控制 1）**

1. 实验要求：求前 100 个自然数的和，结果如图 10-13 所示。

2. 实验步骤。

（1）在数据库窗口中，双击模块"M2"，打开 VBE 窗口。

图 10-13　前 100 个自然数总和

（2）在代码窗口中添加"Prm4"子过程，过程 Prm4 代码如下：

```
Sub Prm4()
I = 0
Do While _____
    I = I + 1
  s = _____
  Loop
  MsgBox "前100个自然数总和为: " + Str(s)
End Sub
```

运行该过程，最后保存模块 M2。

### 实验 10-8　VBA 流程控制（循环控制 2）

1. 实验要求：计算 100 以内的偶数的平方根的和，要使用 Exit Do 语句控制循环，结果如图 10-14 所示。

图 10-14　100 以内的偶数的平方根的和

2. 实验步骤。

（1）在数据库窗口中，双击模块"M2"，打开 VBE 窗口。

（2）在代码窗口中添加"Prm5"子过程，过程 Prm5 代码如下：

```
Sub Prm5()
    Dim x As Integer
    Dim s As Single
    x = 0
    s = 0
    Do While True
      x = x + 1
      If x > 100 Then
        Exit Do
      End If
      If _____ Then
        s = s + Sqr(x)
      End If
    Loop
    MsgBox s
End Sub
```

运行该过程，最后保存模块 M2。

### 实验 10-9　VBA 流程控制（循环控制 3）

1. 实验要求：对输入的 10 个整数，分别统计有几个是奇数、有几个是偶数，如图 10-15 和图 10-16 所示。

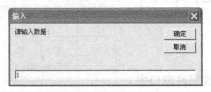

图 10-15　数据输入窗口

图 10-16　奇偶数个数统计窗口

2. 实验步骤。

（1）在数据库窗口中，双击模块"M2"，打开 VBE 窗口。

（2）在代码窗口中添加"Prm6"子过程，过程 Prm6 代码如下：

```
Sub Prm6()
    Dim num As Integer
    Dim a As Integer
    Dim b As Integer
    Dim i As Integer
    For i= 1 To 10
      num = InputBox("请输入数据:", "输入",1)
      If _____ Then
        a = a + 1
      Else
        b = b + 1
      End If
    Next i
```

```
    MsgBox ("运行结果：奇数个数=" & Str(a) & ",偶数个数=" & Str(b))
End Sub
```

运行该过程，最后保存模块 M2。

### 实验 10-10 VBA 流程控制（循环控制 4）

1. 实验要求：在模块 "M2" 中添加子过程 "Prm7"，并运行，消息框中输出结果是 297。

2. 实验步骤。

（1）在数据库窗口中，双击模块 "M2"，打开 VBE 窗口。

（2）在代码窗口中添加 "Prm7" 子过程，过程 Prm7 代码如下：

```
Sub Prm7()
    Dim a(10), p(3) As Integer
    k = 5
    For i = 1 To 10
      a(i) = i * i
    Next i
    For i = 1 To 3
      p(i) = a(i * i)
    Next i
    For i = 1 To 3
      k = k + p(i) * 2
    Next i
    MsgBox k
End Sub
```

运行该过程，观察结果。最后保存模块 M2。

### 实验 10-11　程序流程控制的综合应用（求参赛者的最后得分）

1. 实验要求：要求设计模拟某次大奖赛，有 7 个评委同时为一位选手打分。去掉一个最高分和一个最低分，其余 5 个分数的平均值为该名参赛者的最后得分，如图 10-17 所示。

2. 实验步骤。

（1）新建窗体，进入窗体的设计视图。

（2）在窗体的主体节中添加一个命令按钮，在属性窗口中将命令按钮 "名称" 属性设置为 "CmdScore"，"标题" 属性设置为 "最后得分"，单击 "代码" 按钮，进入 VBE 窗口。

（3）输入并补充完整以下事件过程代码：

图 10-17　最后得分设计窗口

```
Private Sub CmdScore_Click()
Dim mark!, aver!, i%, max1!, min1!
aver = 0
For i =1 To 7
   mark = InputBox("请输入第" & i & "位评委的打分")
   If  i = 1 Then
     max1 = mark : min1 = mark
   Else
     If mark < min1 Then
       min1 = mark
     ElseIf mark > max1 Then
       _____
     End If
   End If
   _____
```

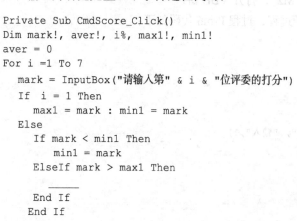

```
    Next i
    aver = (aver - max1 - min1)/5
    MsgBox aver
End Sub
```

（4）保存窗体，窗体名称为"Form11_2"，切换至窗体视图，单击"最后得分"按钮，查看程序运行结果。

### 实验 10-12　程序流程控制的综合应用（"秒表"窗体设计）

1. 实验要求："秒表"窗体中有两个按钮（"开始/停止"按钮 bOK，"暂停/继续"按钮 bPus）；一个显示计时的标签 lNum；窗体的"计时器间隔"设为 1000，计时精度为 1 秒。

打开窗体如图 10-18 所示：第一次单击"开始/停止"按钮，从 0 开始滚动显示计时（见图 10-19）；13 秒时单击"暂停/继续"按钮，显示暂停（见图 10-20），但计时还在继续；若 10 秒后再次单击"暂停/继续"按钮，计时会从 20 秒开始继续滚动显示；第二次单击"开始/停止"按钮，计时停止，显示最终时间（见图 10-21）。若再次单击"开始/停止"按钮，可重新从 0 开始计时。

图 10-18　"秒表"窗体设计结果

图 10-19 "秒表"窗体设计结果

图 10-20　"秒表"窗体设计结果

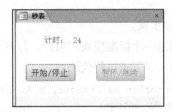

图 10-21 "秒表"窗体设计结果

2. 实验步骤。

（1）新建窗体，在窗体主体节区上添加两个命令按钮和一个标签控件。

（2）单击工具栏中的"属性"按钮，打开属性窗口，将第一个命令按钮的"名称"属性设置为"bOk"，"标题"属性设置为"开始/停止"；将第二个按钮的"名称"属性设置为"bPus"，"标题"属性设置为"暂停/继续"；将标签的"名称"属性设置为"lNum"，"标题"属性设置为"计时:"；将窗体对象的"计时器时间间隔"属性设置为 1000，"标题"属性设置为"秒表"，将"导航按钮"属性设置为"否"，"记录选择器"属性设置为"否"。

（3）单击"代码"按钮，进入 VBE 窗口，输入并补充完整以下代码：

```
Option Compare Database
Dim flag, pause As Boolean
Private Sub bOK_Click()
  flag = _____
  Me!bOK.Enabled = True
  Me!bPus.Enabled = flag
End Sub
Private Sub bpus_Click()
```

```
    pause = Not pause
    Me!bOK.Enabled = Not Me!bOK.Enabled
  End Sub
  Private Sub Form_Open(Cancel As Integer)
    flag = False
    pause = False
    Me!bOK.Enabled = True
    Me!bPus.Enabled = False
  End Sub
  Private Sub Form_Timer()
    Static count As Single
    If flag = True Then
      If pause = False Then
      Me!lNum.Caption = "计时: " + Str(Round(count, 1))
      End If
      count = _____
    Else
      count = 0
    End If
  End Sub
```

（4）切换至窗体视图，单击"开始/停止"按钮、"暂停/继续"按钮观察程序的运行结果，最后保存窗体，窗体名称为"Form11_3"。

### 实验 10-13　子过程与函数过程 1

1. 实验要求：编写一个求 $n!$ 的子过程，然后调用它计算 $\sum_{n=1}^{10} n!$ 的值。

2. 实验步骤。

（1）新建一个标准模块"M3"，打开 VBE 窗口。

（2）输入以下子过程代码：

```
Sub Factor1(n As Integer, p As Long)
  Dim i As Integer
  p = 1
  For i = 1 To n
    p = p * i
  Next i
End Sub
Sub Mysum1()
  Dim n As Integer, p As Long, s As Long
  For n = 1 To 10
    Call Factor1(n, p)
    s=s+p
  Next n
  Msgbox "结果为:" & s
End Sub
```

（3）运行过程 Mysum1，保存模块 M3。

### 实验 10-14　子过程与函数过程 2

1. 实验要求：编写一个求 $n!$ 的函数，然后调用它计算 $\sum_{n=1}^{10} n!$ 的值。

2. 实验步骤。

（1）双击标准模块"M3"，打开 VBE 窗口。

（2）输入以下子过程代码：

```
Function Factor2(n As Integer)
Dim i As Integer, p As Long
p = 1
For i = 1 To n
  p = p * i
Next i
Factor2 = p
End Function
```

修改 Mysum1() 过程，代码如下：

```
Sub Mysum1()
Dim n As Integer, s As Long
For n = 1 To 10
  s = s + Factor2(n)
Next n
MsgBox "结果为:" & s
End Sub
```

（3）运行过程 Mysum1，理解函数过程与子过程的差别，最后保存模块 M3。

**实验 10-15　过程参数传递、变量的作用域和生存期 1**

1. 实验要求：阅读下面的程序代码，理解过程中参数传递的方法。

2. 实验步骤。

（1）双击标准模块"M3"，打开 VBE 窗口。

（2）输入以下子过程代码：

```
Sub Mysum2()
Dim x As Integer, y As Integer
x = 10
y = 20
Debug.Print "1,x="; x, "y="; y
Call Add(x, y)
Debug.Print "2,x="; x, "y="; y
End Sub
Private Sub Add(ByVal m, n)
  m = 100
  n = 200
  m = m + n
  n = 2 * n + m
End Sub
```

（3）运行 Mysum2 过程，单击"视图"→"立即窗口"菜单命令，打开立即窗口，察看程序的运行结果。

**实验 10-16　过程参数传递、变量的作用域和生存期 2**

1. 实验要求：阅读下面的程序代码，理解参数传递、变量的作用域与生存期。

2. 实验步骤。

（1）新建窗体，进入窗体的设计视图，在窗体的主体节中添加一个命令按钮，设置命令按钮"名称"属性设置为"Command1"，单击"代码"按钮，进入 VBE 窗口。

（2）输入以下子过程代码：

```
Option Compare Database
Dim x As Integer
Private Sub Form_Load()
```

```
  x = 3
End Sub
Private Sub Command1_Click()
  Static a As Integer
  Dim b As Integer
  b = x ^ 2
  Fun1 x, b
  Fun1 x, b
  MsgBox "x = " & x
End Sub
Sub Fun1(ByRef y As Integer, ByVal z As Integer)
  y = y + z
  z = y - z
End Sub
```

（3）切换至窗体视图，单击命令按钮，观察程序的运行结果，x=_____。最后保存窗体，窗体名称为"Form11_4"。

### 实验 10–17　VBA 数据库访问技术（查询）

1. 实验要求：显示"员工"表第一条记录的"名字"字段值，如图 10-22 所示。

2. 实验步骤。

（1）打开"罗斯文.accdb"数据库，新建一个标准模块，打开 VBE 窗口。

（2）在 VBE 中引用 ADO 部件，具体做法：单击"工具"→"引用"→"Microsoft ActiveX Data Objects 2.8 Library"

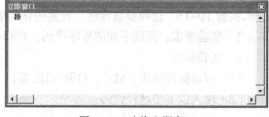

图 10-22　查询立即窗口

（3）在 VBE 窗口输入以下子过程代码：

```
Private Sub DemoField()
  '声明并实例化 Recordset 对象和 Field 对象
  Dim rst As ADODB.Recordset
  Dim fld As ADODB.Field
  Set rst = New ADODB.Recordset
  rst.ActiveConnection = CurrentProject.Connection
  rst.Open "select * from 员工"
  Set fld = rst("名字")
  Debug.print fld.value
End Sub
```

（4）保存模块，模块名为"M4",运行过程 DemoField，打开立即窗口，观察运行结果。

### 实验 10–18　VBA 数据库访问技术（添加）

1. 实验要求：通过如图 10-23 所示的窗体向"员工"表中添加员工记录，对应"姓氏"、"名字"、"职务"、"城市"和"公司"的 4 个文本框的名称分别为 tLName、tFName、tPox、tCity 和 tCompany。当单击窗体中的"添加"命令按钮（名称为 Command1）时，首先判断姓氏和名字是否重复。如果不重复，则向"员工"表中添加员工记录；如果姓氏和名字重复，则给出提示信息。

2. 实验步骤。

（1）新建窗体，在窗体设计视图中的主体节中添加 5 个标签，5 个文本框，2 个命令按钮，如图 10-23 所示。

（2）打开属性窗口，将 5 个文本框中"标题"属性分别设置为 tLName、tFName、tPox、tCity 和 tCompany；第一个命令按钮"名称"属性设置为"CmdAdd"，"标题"属性设置为"添加"，第二命令按钮"名称"属性设置为"CmdExit"，"标题"属性设置为"退出"；将窗体对象的"标题"属性设置为"添加记录"，将"导航按钮"属性设置为"否"，"记录选择器"属性设置为"否"。

图 10-23    "添加记录"窗体的设计结果

（3）在 VBE 中引用 ADO 部件，具体做法：单击"工具"→"引用"→"Microsoft ActiveX Data Objects 2.8 Library"。

（4）打开代码窗口，输入并补充完整以下代码：

```
Option Compare Database
Dim ADOcn As New ADODB.Connection
Private Sub Form_Load()
  ' 打开窗口时，连接 Access 数据库
  Set ADOcn = CurrentProject.Connection
End Sub
Private Sub CmdAdd_Click()
  ' 增加员工记录
  Dim strSQL As String
  Dim ADOrs As New ADODB.Recordset
  Set ADOrs.ActiveConnection = ADOcn
  ADOrs.Open "Select ID From 员工 Where 姓氏= '" + tLName + "' And 名字='"+ tFName + "'"
  If Not ADOrs._____ Then
    ' 如果该学号的学生记录已经存在，则显示提示信息
    MsgBox "你输入的员工记录已存在，不能增加！"
  Else
    ' 增加新员工的记录
    strSQL = "Insert Into 员工(姓氏,名字,公司,职务,城市) "
    strSQL = strSQL + " Values('" + tLName + "', '" + tFName + "', '" + tCompany+ "',
'" + tPox + "', '" + tCity +"') "
    ADOcn.Execute _____
    MsgBox "添加成功，请继续！"
  End If
  ADOrs.Close
  Set ADOrs = Nothing
End Sub
Private Sub CmdExit_Click()
  DoCmd.Close
End Sub
```

（5）保存窗体，窗体名称为"Form11_5"，切换至窗体视图，在相应的文本框中输入新的员工信息，包括姓氏、名字、职务、城市、公司（姓氏和名字在员工表中不存在，其他不能空）。单击"添加"按钮，打开员工表，观察程序的运行结果，再输入一个已有的员工信息（姓氏和名字在员工表中已存在），单击"添加"按钮，观察程序的运行结果。

### 实验 10-19　VBA 数据库访问技术（修改）

1. 实验要求：对产品表不同供应商的产品增加标准成本，规定供应商 ID 为金美的标准成本增加 15%，供应商 ID 为佳佳乐的标准成本增加 10%，其他供应商的标准成本增加 5%。编写程序调整供应商产品的标准成本，并显示所标准成本增加的总和。

2. 实验步骤。

（1）打开"罗斯文.accdb"数据库，新建一个标准模块，打开 VBE 窗口。

（2）在 VBE 中引用 ADO 部件，具体做法：单击"工具"→"引用"→"Microsoft ActiveX Data Objects 2.8 Library"。

（3）新建窗体,在窗体的主体节区中添加一个命令按钮,将命令按钮的"名称"属性设置为"CmdAlter","标题"属性设为"修改",单击"代码"按钮,切换至 VBE 窗口中,输入并补充完整以下代码：

```
Private Sub CmdAlter_Click()
    Dim ws as DAO.Workspace
    Dim db as DAO.Database
    Dim rs as DAO.Recordset
    Dim gz as DAO.Field
    Dim zc as DAO.Field
    Dim sum as Currency
    Dim rate as Single
    Set db = CurrentDb()
    Set rs = db.OpenRecordset("产品")
    Set cb = rs.Fields("标准成本")
    Set id = rs.Fields("供应商 ID")
    sum = 0
    Do While Not _____
      rs.Edit
      Select Case id
        Case Is = "金美"
          rate = 0.15
        Case Is = "佳佳乐"
          rate = 0.1
        Case else
          rate = 0.05
      End Select
      sum = sum + cb * rate
      cb = cb + cb * rate

      _____
      rs.MoveNext
    Loop
    rs.Close
    db.Close
    set rs = Nothing
    set db = Nothing
    MsgBox "标准成本增加总计:" & sum
  End Sub
```

（4）保存窗体，窗体名称为"Form11_6"，切换至窗体视图，单击"修改"按钮，观察程序的运行结果。

# 实验 11
# 实例开发——教学管理系统

## 一、实验目的

1. 掌握综合运用 Access 各项功能的方法。
2. 熟悉信息管理系统开发的流程和方法。
3. 了解软件工程的理念和方法。

## 二、实验内容

1. 需求分析。

设计和开发应用系统的第一步就是进行需求分析，了解用户对信息系统的基本要求。例如，对教学管理系统，用户对系统的要求包括：教学管理人员及教师通过该系统可以对全校教师信息、系部信息、课程信息和学生信息进行添加、删除、修改和查询等操作，教师通过该系统可以对所教课程进行成绩的登记管理；另外，通过该系统还可以对学生选课情况进行汇总分析、产生报表等。系统主界面如图 11-1 所示。

图 11-1　系统主界面

根据需求分析，系统功能模块如表 11-1 所示。

表 11-1　　　　　　　　　　　　　　　　　系统功能模块

| 教学管理系统 | | |
|---|---|---|
| 基本信息管理 | 系部信息的添加、删除、修改 | |
| | 教师信息的添加、删除、修改 | |
| | 学生信息的添加、删除、修改 | |
| | 课程信息的添加、删除、修改 | |
| | 选课信息的添加、删除、修改 | |
| 信息查询 | 教师信息 | 查看个人情况 |
| | | 查看授课情况 |
| | 学生信息 | 查看个人情况 |
| | | 查看各班学生情况 |
| | 课程信息 | 查看各学期的开课情况 |
| | 选课信息 | 按学生查看 |
| | | 按课程查看 |
| 信息汇总和分析 | 按教师对授课情况汇总分析（报表） | |
| | 按班级对成绩汇总分析（报表） | |
| | 按学生对成绩汇总分析（报表） | |
| | 按班级和课程对成绩汇总分析（数据透视表） | |

2. 数据库概念结构设计。

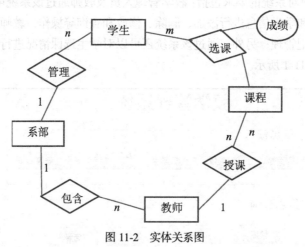

图 11-2　实体关系图

3. 逻辑结构设计。

ER 图转换成数据库关系模型需要 5 个表（4 个实体，1 个关系）：

（1）"系部"表：系号、系名、系主任，如表 11-2 所示，设计视图如图 11-3 所示。

表 11-2　　　　　　　　　　　　　　　"系部"表结构

| 字段名称 | 数据类型 | 字段大小 | 常规属性 |
|---|---|---|---|
| 系号 | 文本 | 2 | 主键 |
| 系名 | 文本 | 10 | |
| 系主任 | 文本 | 4 | |

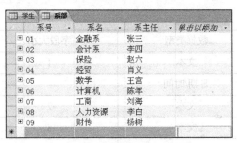

图 11-3 "系部"表设计界面

（2）"教师"表：教师编号、姓名、性别、出生日期、系号、职称、电话号码、E-mail、简历、照片，如表 11-3 所示，表中数据如图 11-4 所示。

表 11-3 "教师"表结构

| 字段名称 | 数据类型 | 字段大小 | 常规属性 |
| --- | --- | --- | --- |
| 教师编号 | 文本 | 6 | 主键 |
| 姓名 | 文本 | 4 | |
| 性别 | 文本 | 1 | 设置有效性规则和有效性文本，默认值为"男" |
| 出生日期 | 日期/时间 | | in("男"，"女") |
| 系号 | 文本 | 2 | |
| 职称 | 文本 | 3 | |
| 电话号码 | 文本 | 11 | 输入掩码 00000000000 |
| E-mail | 超链接 | | |
| 简历 | 备注 | | |
| 照片 | OLE 对象 | | |

图 11-4 "教师"表数据

（3）"学生"表：学号、姓名、性别、出生日期、系号、班级、货款否、简历、照片，如表 11-4 所示，表中数据如图 11-5 所示。

表 11-4 "学生"表结构

| 字段名称 | 数据类型 | 字段大小 | 常规属性 |
| --- | --- | --- | --- |
| 学号 | 文本 | 10 | 主键 |
| 姓名 | 文本 | 4 | |

续表

| 字段名称 | 数据类型 | 字段大小 | 常规属性 |
|---|---|---|---|
| 性别 | 文本 | 1 | 设置有效性规则 |
| 出生日期 | 日期/时间 | | |
| 系号 | 文本 | 2 | |
| 班级 | 文本 | 8 | |
| 货款否 | 是/否 | | |
| 简历 | 备注 | | |
| 照片 | OLE 对象 | | |

图 11-5 "学生"表数据

（4）"课程"表：课程号、课程名、学分、教师编号、开课学期，如表 11-5 所示，表中数据如图 11-6 所示。

表 11-5 "课程"表结构

| 课程号 | 文本 | 3 | 主键 |
|---|---|---|---|
| 课程名 | 文本 | 10 | |
| 学分 | 数字 | 整型 | 设置有效性规则 |
| 教师编号 | 文本 | 6 | |
| 开课学期 | 文本 | 1 | |

图 11-6 "课程"表数据

（5）"选课"表：学号、课程号、成绩，如表 11-6 所示，表中数据如图 11-7 所示。

表 11-6 "选课"表结构

| 学号 | 文本 | 10 | 主键 |
|---|---|---|---|
| 课程号 | 文本 | 3 | 主键 |
| 成绩 | 数字 | 单精度 | 设置有效性规则 |

| 学号 | 课程号 | 成绩 | 单击以添加 |
| --- | --- | --- | --- |
| 2011021101 | 101 | 78 | |
| 2011011220 | 102 | 85 | |
| 2011031105 | 101 | 80 | |
| 2011031105 | 103 | 67 | |
| 2011042107 | 104 | 86 | |
| 2011052213 | 102 | 60 | |
| 2011061108 | 101 | 90 | |
| 2011071306 | 105 | 83 | |
| 2011081116 | 106 | 70 | |
| 2011091246 | 106 | 89 | |
| 2011021101 | 102 | 75 | |
| * | | | |

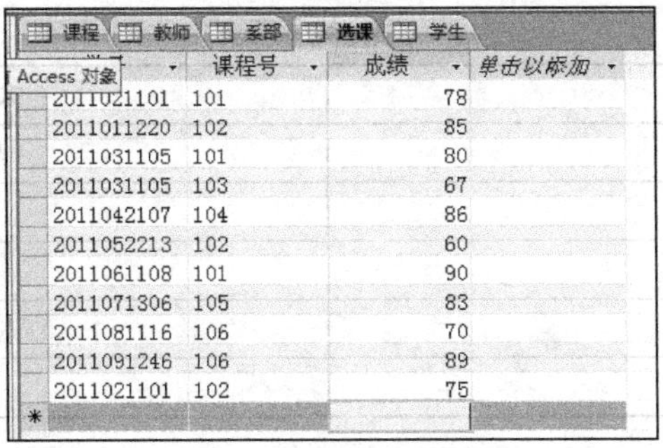

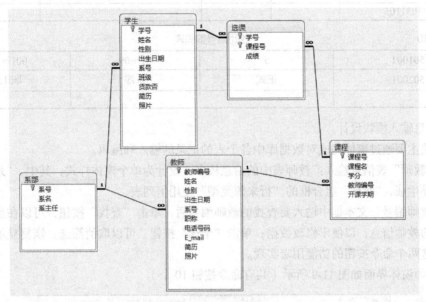

图 11-7　“选课”表数据

（6）建立每个表之间的关系，如图 11-8 所示。

图 11-8　表间关系图

4. 代码设计。

为了方便数据的处理，分别为不同专业、课程、学号和教师编号设计了相应的数字代码，如表 11-7、表 11-8、表 11-9、表 11-10 所示。

表 11-7　专业代码表

| | |
| --- | --- |
| 01 | 金融 |
| 02 | 会计 |
| 03 | 保险 |
| 04 | 经贸 |
| 05 | 数学 |
| 06 | 计算机 |
| 07 | 工商 |
| 08 | 人力资源 |
| 09 | 财传 |

表 11-8　　　　　　　　　　　　　　课程代码表

| | |
|---|---|
| 101 | 大学计算机 |
| 102 | 高等数学 |
| 103 | 保险学 |
| 104 | 会计学 |
| 105 | 金融学 |
| 106 | 管理学 |

表 11-9　　　　　　　　　　　　　　学号编码表

| 2011021101 | 2011 | 01～09 | 11～2、21～2 | 01～99 |
|---|---|---|---|---|
| 2011011220 | 年级 | 系 | 班级 | 学号 |
| 2011031105 | | | | |

表 11-10　　　　　　　　　　　　　教师编号编码表

| 501001 | 5 | 01～09 | 001～999 |
|---|---|---|---|
| 502001 | 正式 | 系部 | 职工号 |
| | | | |

5. 信息输入模块设计。

该模块主要通过窗体完成对数据库中各个表的记录的输入和编辑。

（1）"教师"表信息输入：教师表中的信息较多，设计为单个窗体样式，其中，"系号"组合框使用向导生成，"职称"组合框的"行来源类型"使用值列表。

在"教师编号"文本框中输入要查找的教师编号后，单击"查找"按钮，可以在当前窗体中显示相应的教师信息，以便于修改数据；单击"全选"按钮，可以取消筛选，恢复显示所有的教师记录。这两个命令按钮的功能用宏实现。

① 教师窗体界面如图 11-9 所示（共有命令按钮 10 个）。

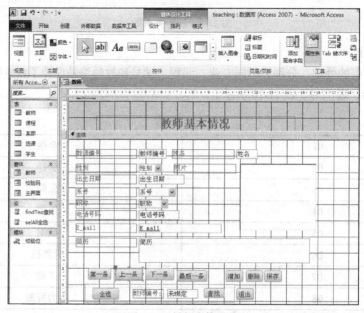

图 11-9　教师窗体界面

② "查找"按钮对应的宏如图 11-10 所示：findTno 查找。

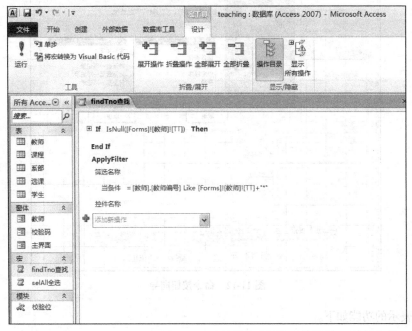

图 11-10 查找的宏

③ "全选"按钮对应的宏如图 11-11 所示：selAll 全选。

图 11-11 全选按钮的宏

④ 其他 8 个命令按钮均使用命令按钮向导完成，如图 11-12 所示。

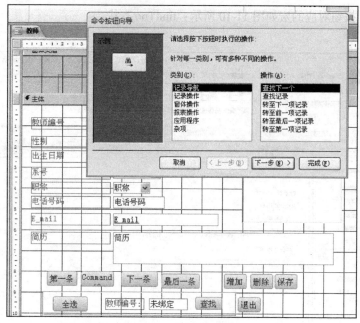

图 11-12　命令按钮向导

各按钮表示的功能如下。

第一条：记录导航→转至第一项记录。

上一条：记录导航→转至前一项记录。

下一条：记录导航→转至下一项记录。

最后一条:记录导航→转至最后一项记录。

增加：记录操作→添加新记录。

删除：记录操作→删除记录。

保存：记录操作→保存记录。

退出：窗体操作→关闭窗体。

（2）"学生"表信息输入：该窗体的设计与"教师"窗体类似。

（3）"系部"表和"课程"表信息输入，这两个表的信息较少，可以设计为表格样式的窗体。

例如，选择"系部"表，单击"创建"选项卡→"窗体"组→"其他窗体"下拉按钮，选择"数据表"保存"系部"窗体。

（4）"选课"表信息输入：该表中的记录采用以班级和课程为单位的方式进行编辑，该窗体的设计与"教师"窗体类似。

6. 信息查询模块设计。

该模块主要通过窗体完成查询参数的输入和查询结果的输入。

（1）教师信息查询：该窗体界面如图 11-13 所示。

图 11-13　教师信息查询界面

选择某个教师编号后，单击"教师基本情况"按钮，可打开"教师基本情况"窗体，显示该教师的详细情况；单击"教师授课情况"按钮，可打开"教师授课情况"窗体，显示该教师讲授的所有课程。

"教师基本情况"窗体与输入信息的窗体很相似,只是将"系号"换成了"系名",并增加了一项年龄信息,该文本框为计算机文本框,其"控件来源"为"=(year(date())-year([出生日期]))。

① 首先建立"教师信息查询"窗体。

② 建立"教师基本情况查询"和"教师授课情况查询",如图 11-14 和图 11-15 所示。

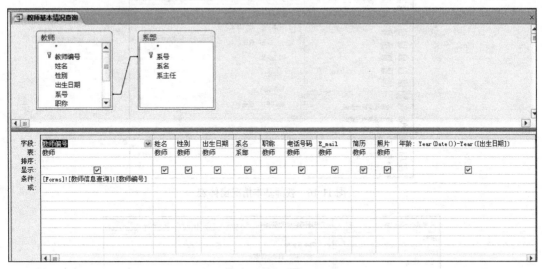

图 11-14 教师基本情况查询

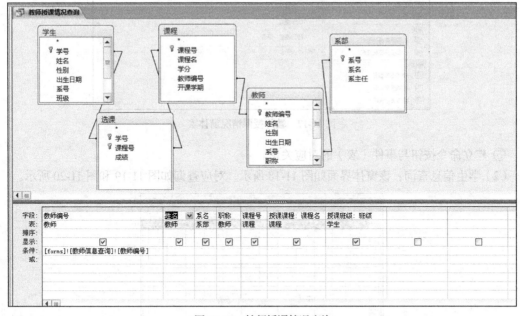

图 11-15 教师授课情况查询

与此相对应的 SQL 语句为:

SELECT DISTINCT 教师.教师编号, 教师.姓名, 系部.系名, 教师.职称, 课程.课程号, 课程.课程名 AS 授课课程, 学生.班级 AS 授课班级

FROM 学生 INNER JOIN (系部 INNER JOIN ((教师 INNER JOIN 课程 ON 教师.教师编号=课程.教师编号) INNER JOIN 选课 ON 课程.课程号=选课.课程号) ON 系部.系号=教师.系号) ON 学生.学号=选课.学号

WHERE (((教师.教师编号)=[forms]![教师信息查询]![教师编号]));

③ 建立与以上两个查询对应的窗体："教师基本情况"窗体和"教师授课情况"窗体。

④ 建立与"教师信息查询"窗体上两个命令按钮"教师基本情况"和"教师授课情况"相对应的宏："打开教师基本情况窗体"和"打开教师授课情况窗体"，如图 11-16 和图 11-17 所示。

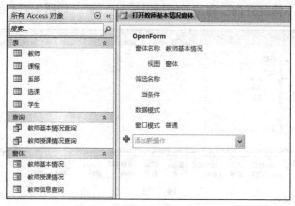

图 11-16　教师基本情况窗体宏

图 11-17　教师授课情况窗体宏

⑤ 建立命令按钮与事件（宏）的对应关系。

（2）学生信息查询：该窗体界面如图 11-18 所示，对应查询如图 11-19 和图 11-20 所示。

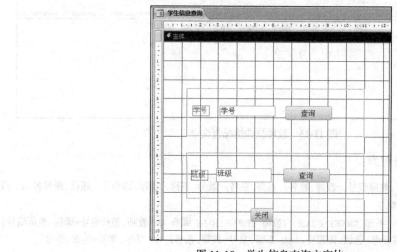

图 11-18　学生信息查询主窗体

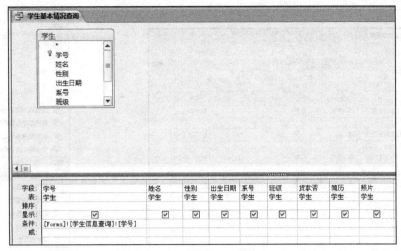

图 11-19　学生基本情况查询

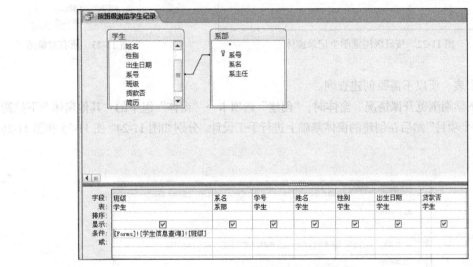

图 11-20　按班级浏览学生记录查询

选择学号，单击"查询"按钮，可以显示该学生的详细情况。选择班级，单击"查询"按钮，可以打开"按班级浏览学生记录"窗体，显示该班级所有学生的情况，并统计总人数。

创建"按班级浏览学生记录"窗体时，"创建"选项卡→"窗体"组中的"其他窗体"下拉箭头，选择"多个项目"后输入某学生的学生号即可创建。然后在创建的窗体基础上进行手工设计，如图 11-21 与图 11-22 所示。

图 11-21　参数输入窗口

到目前为止一共有 4 个查询、6 个窗体和 4 个宏，如图 11-23 所示。

（3）课程信息查询：该窗体界面，可以按开课学期查询课程情况。

"开课学期"组合框的"更改"事件属性设置为一个宏，其中包含一个 ApplyFilter 操作，它的"Where 条件"参数为：

```
[课程].[开课学期]=[Forms]![按学期浏览开课情况][开课学期]
```

图 11-22　按班级浏览学生记录窗体　　　　　　　　图 11-23　所有对象图

涉及一个表，所以不需要创建查询。

创建"按学期浏览开课情况"窗体时，"创建"选项卡→"窗体"组中的"其他窗体"下拉箭头，选择"多个项目"然后在创建的窗体基础上进行手工设计。分别如图 11-24、图 11-25 和图 11-26 所示。

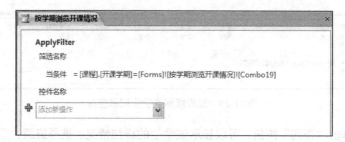

图 11-24　创建 ApplyFilter 宏

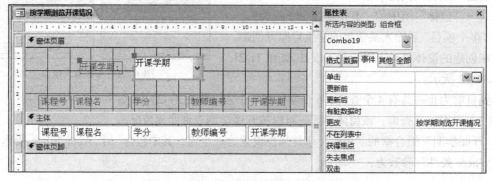

图 11-25　按学期浏览开课情况窗体（1）

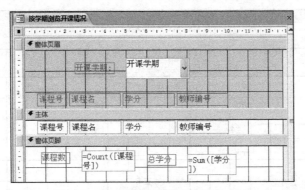

图 11-26 按学期浏览开课情况窗体（2）

由此增加一个窗体和一个宏。

（4）选课信息查询。

① 创建"选课情况查询"，如图 11-27 所示。

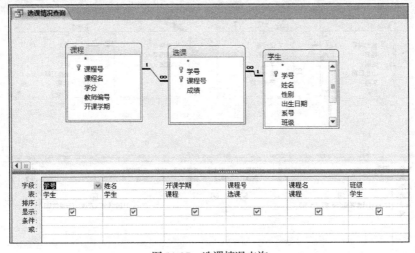

图 11-27 选课情况查询

② 创建"选课情况查询"窗体，如图 11-28 和图 11-29 所示。

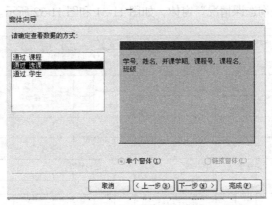

图 11-28 选课情况查询窗体设计（1）

③ 创建"按学号查询选课情况"查询，如图 11-30 所示。

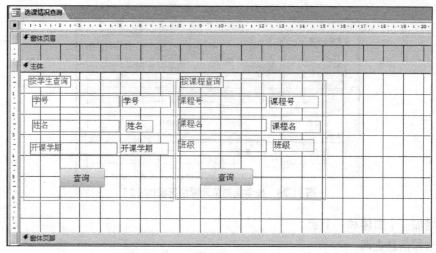

图 11-29　选课情况查询窗体设计（2）

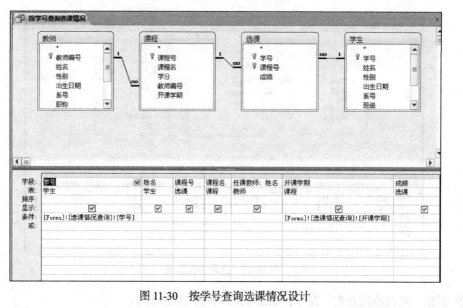

图 11-30　按学号查询选课情况设计

④ 创建"按学号查询选课情况"窗体，如图 11-31 和图 11-32 所示。

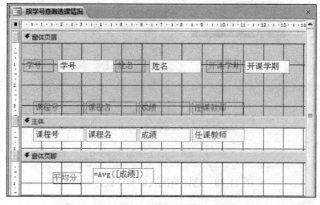

图 11-31　按学号查询选课情况窗体设计

图 11-32 按学号查询选课情况窗体

⑤ 创建"打开按学号查询选课情况窗体"宏，并将"选课情况查询"窗体中的"查询"按钮（本例中使用默认名：Command15）的"单击"事件属性设置为该宏，如图 11-33 和图 11-34 所示。

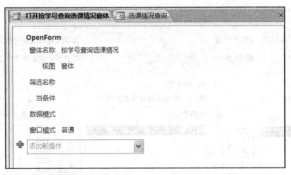

图 11-33 创建打开按学号查询选课情况窗体

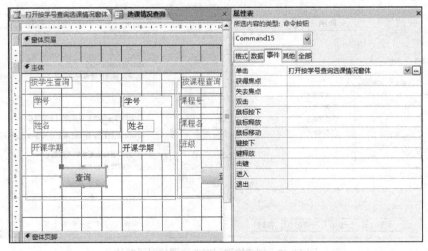

图 11-34 为查询按钮设置宏

⑥ 创建"按课程查询选课情况"查询，如图 11-35 所示。

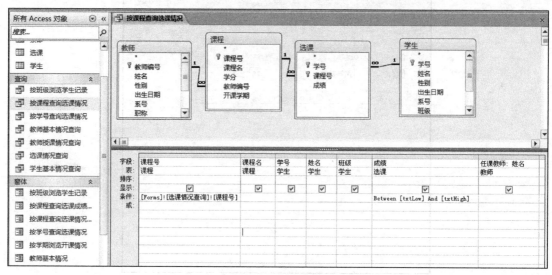

图 11-35　按课程查询选课情况查询设计

⑦ 以"按课程查询选课情况"为数据源创建"按课程查询选课情况子窗体"，如图 11-36
所示。

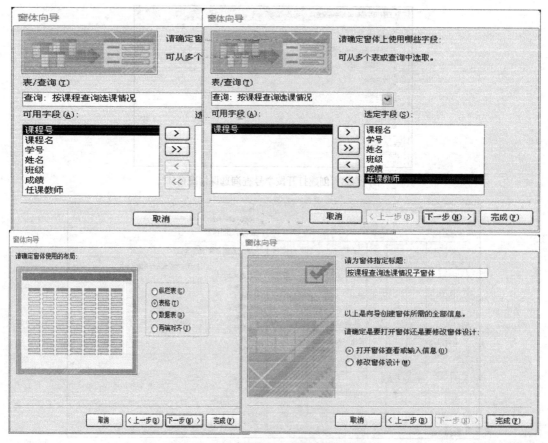

图 11-36　创建按课程查询选课情况子窗体

然后输入"101"、"60"、"90"（本例）转"设计视图"修饰，如图 11-37 所示。

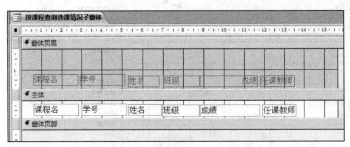

图 11-37　设计按课程查询选课情况子窗体

⑧ 建立主窗体，无记录源，在该窗体中插入"按课程查询选课情况子窗体"，其中"分数下限值"文本框的名称为 txtLow，"分数上限值"文本框的名称为 txtHigh，这两个控件名称在"按课程查询选课情况"查询条件中被引用。保存该对象，命名为"按课程查询选课情况主窗体"，如图 11-38 所示。

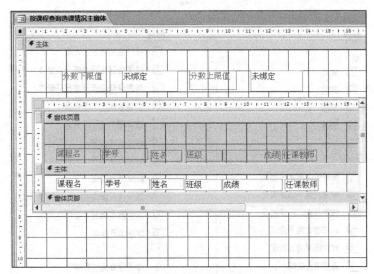

图 11-38　设计按课程查询选课情况主窗体

⑨ 创建"按课程查询选课情况"宏，并将"选课情况查询"窗体中的"查询"按钮（本例中使用默认名：Command18）的"单击"事件属性设置为该宏，如图 11-39 和图 11-40 所示。

图 11-39　创建按课程查询选课情况宏

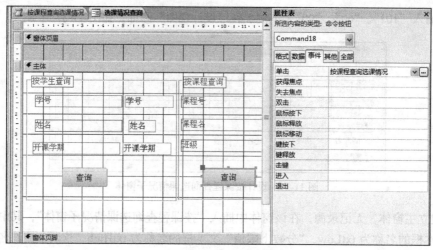

图 11-40　设置查询按钮的宏

到目前为止：5 个表，7 个查询，11 个窗体，7 个宏，如图 11-41 所示。

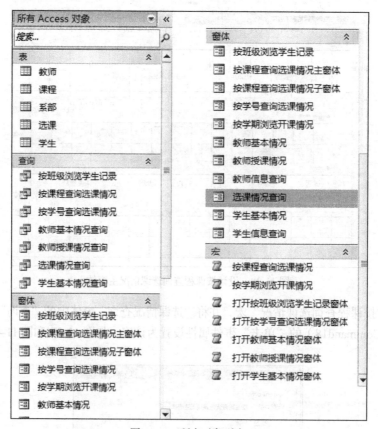

图 11-41　所有对象列表

7. 信息汇总和分析模块设计。

该模块主要利用报表对数据库信息进行统计和汇总，并根据需要选择是否打印输出。

教师授课情况：将所有教师的授课情况汇总在一起。

① 建立"教师授课情况汇总"查询，如图 11-42 所示。

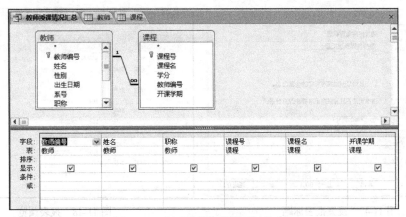

图 11-42 创建教师授课情况汇总查询

② 选择"教师授课情况汇总"查询，单击"创建"选项卡"报表"组中的"报表向导"按钮，按图 11-43、图 11-44、图 11-45、图 11-46、图 11-47 和图 11-48 所示完成操作。

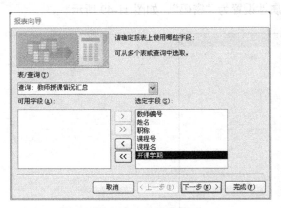

图 11-43 选定字段

图 11-44 添加分组级别

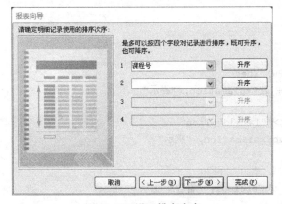

图 11-45 设置排序次序

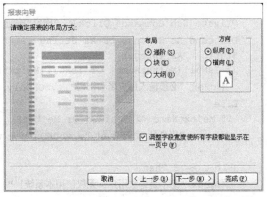

图 11-46 设置报表布局

注：为了形象地说明报表的汇总功能，将原"课程"表中的 102 课程的讲授人由原来的 505001 改为 506001。

各班成绩统计、学生选课情况、数据透视表请大家参照以上步骤自行完成。

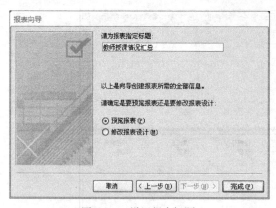

图 11-47　设置报表标题　　　　　　　　图 11-48　报表预览

8. 登录界面。

登录界面用于检测登录系统的用户，只有合法用户才允许进入本系统。窗体中有两个输入用户名和密码的文本框，名称分别为 txtName 和 txtPw，两个"确定"和"取消"命令按钮，分别对应事件代码。"密码"文本框的"输入掩码"属性设置为"密码"，如图 11-49 所示。

图 11-49　登录界面

```
Private Sub Command4_Click() "确定"按钮
Dim cond As String, ps As String
Static t As Integer
If IsNull(Me!txtName) Or IsNull(Me!txtPw) Then
  MsgBox "必须输入用户名和密码", vbOKOnly + vbExclamation, "提示"
Else
 If Me!txtName <> "ch123" Or Me!txtPw <> "1a2s3d" Then
  MsgBox "用户名/密码错误！", vbOKOnly + vbExclamation, "提示"
  t = t + 1
  If t >= 3 Then
  MsgBox "您不是合法用户，无权使用本系统！", vbCritical, "警告"
  Quit
  End If
 Else
 DoCmd.Close
  DoCmd.OpenForm "主界面"
 End If
End If
```

```
End Sub
```

　　本段代码用于检测用户输入的用户名和密码是否正确。若都正确，则关闭登录窗口，进入主界面，若连续 3 次输入都不正确，则退出系统。

```
Private Sub Command5_Click()  '"取消"按钮将用户名和密码文本框清零
txtName.Value = ""
txtPw.Value = ""
End Sub
```

　　本段代码用于将用户名和密码文本框清零。

# 参考文献

［1］郑小玲. Access 数据库实用教程习题与实验指导. 北京：人民邮电出版社，2010.

［2］潘军. Access 数据库实用教程. 北京：电子工业出版社，2008.

［3］苏传芳. Access 数据库实用教程. 北京：高等教育出版社，2006.

［4］李希勇，等. Access 数据库实用教程. 北京：中国铁道出版社，2012.

［5］陈树平，等. Access 数据库教程. 上海：上海交通大学出版社，2009.

［6］赵希武，等. Access 数据库实验指导. 北京：北京邮电大学出版社，2010.

［7］彭小利. Access 2010 数据库程序设计实验教程. 北京：中国水利水电出版社，2014.

［8］李湛. Access 2010 数据库应用习题与实验指导教程. 北京：清华大学出版社，2013.

［9］赵洪帅，等. Access 2010 数据库上机实训教程. 北京：中国铁道出版社，2013.